圖解創業

一看就懂商業經營

原來——著

自序

　　我雖然很喜歡讀書，但是一到書店翻書，最喜歡翻有圖表圖案的書，一個簡單的架構就可以馬上抓到重點，再連結腦中既有的知識體系，就毫不費力的吸收了。這就是政治漫畫的威力，一張漫畫可以抵得上一支軍隊，現在連知識也漫畫化了，讓學生能夠在漫畫故事情節中不自覺地自我成長，可見圖像思考的重要性。

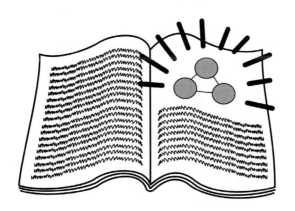

　　既然圖像的學習力和吸收力比文字強大，那麼我就做到底了，乾脆把商業經營的一些重要觀念、架構、理論、模型等都以圖案表達，而文字只是輔助性質而已，這樣有很多的好處：

一、讓不習慣文字思考，卻習慣圖像思考的讀者，獲得相等
　　的學習機會。

二、隨時可以翻閱任何一個圖像，隨時吸收，因為每個圖像
　　之間並沒有連續關係。

三、可以在圖像上標註自身企業產品或服務目前的執行現
　　狀，就可以馬上知道何處有缺，並且可以即時處理。

四、根據圖像和同事好友討論，達到共識的機率大增。

五、簡單易懂，無痛苦知識、吸收方便之法。

　　最後，有鑑於看到我著書的讀者們，對於我的名字存有疑
問，真的有這個人嗎？是藝名吧？乾脆，附上我的健保卡局部圖
案，證明作者「原來」是真的姓名。但是，這真的不關我的事，
因為這是我老爸取的，我也無法。只是，我還是經常講一句話，
那就是：第一次看到我，對我的名字感興趣；第二次和我相見就
忘了我的名字，反而對我的腦子感興趣。

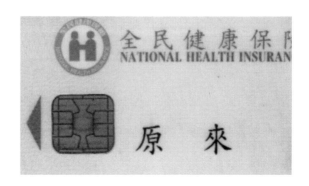

　　希望這一本書能夠達到我的目的，就是讓中小企業經營者、各階層主管、有心往商業場域開創一片天的朋友們，因為這本書某一個圖案而啟發，從而改善眼前的問題，甚至因而翻轉自己的人生，享受成功的喜悅感。

原來　謹識

於桃園南崁

2020.9.12

目 次

寫在前面
──創業之前要先懂

　　在進行本書閱讀之前，有幾個觀念先提醒與了解，對於事業的經營可以減少犯錯的機率，同時也可以提高成功的機會。

　　為什麼要特別先設計這一章，因為依筆者過往經驗，很多創業人士經常忽略商標與專利等智慧財產權的事務，已經準備要開店才想到要去申請商標，但殊不知現今的商標幾乎成了稀有資產，因為審查的原則是同音同義的比例不可超過50%，也就是說三個字的商標中，有兩個字不能和已經獲得商標同音同義同字，否則會構成近似而有稀釋既有商標的品牌價值之虞。因此，要想到一個可以通過，而且名稱響亮有明顯含意，難度超高，光是查詢有近似還得重新再想新商標名稱，就要耗費很多時間，更遑論商標取得時程至少要一年。

　　忽略商標申請而冒然開店或銷售商品，很容易被擁有商標權的競爭對手鎖定，待您成就大業後提出商標告訴索取大額的賠償金。

　　加上創業不簡單，步步驚心，要隨時注意五大敵手，這是要準確掌握到商機，行事才會穩健；而商機的取得也事先做一個提醒，根據六個創業機會來源的提示促使頭腦保持警覺，從社會現象中找到可以切入的利基點。

這些都是事業經營之先，必須具備的先行觀念。

一、創業？先申請商標再說

先申請商標再談事業經營

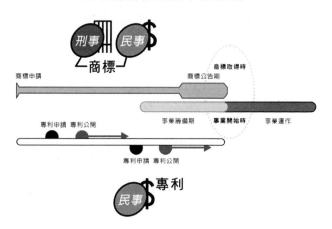

要經營事業之前一年以上，要先申請商標，因為各地區商標取得必須經過一年以上，取得商標以後才能開始經營事業；很多大企業都是這樣，您可以從商標申請公告得知，事業體都有籌備，但是商標仍在申請中是不會公開銷售的。

請特別留意，商標有刑事和民事規定，因此商標侵權是一件大事。所以，自己先取得商標權才是最穩妥的作法。專利只有民事糾紛，專利提出申請前不可以有任何形式的公開，否則就失去了新穎性，除了法律規定的特殊情況之外。

經常，很多創業人士都覺得沒有什麼，開店或銷售產品就直接貼上自我感覺良好的商標，「沒有人告我啊」這個想法很危

險，不是沒有人告您，而是您還太小，要等到您事業有成，收入
頗豐，到那時候再向您提告侵犯商標權，獲得的賠償金才可觀；
同時，您的事業到時也應該是關燈熄火，或是被迫讓擁有商標權
人進入您苦心創立的事業體。

　　商標操作技巧的提醒：利用商標審查完畢之後，法定的三個
月公告期間內，您可以查詢競爭對手是否申請與您相似的商標，
有可能混淆消費者而稀釋您擁有商標權的品牌識別與形象；要把
握這三個月的公告期即時提出異議，在往來申訴答辯的冗長時
間，可有效延宕競爭對手的行銷時程規劃。

　　案例：某地方超級市場未經查詢即冠上全國知名品牌，經營
半年即蒙上一個字，不多久馬上換名，整個賣場的形象就一蹶不
振，最終倒閉更換經營者。某化妝品公司未經查詢，即上架一款
某品牌洗面乳，卻讓已擁有該商標的業者在賣場買一件商品並取
得發票，直接前去談判商標侵權之事，最終該化妝品公司賠償並
下架該洗面乳，白忙一場又賠錢。

二、註冊商標的符號與意義

只要在產品的品牌名稱右上或右下冠上圓圈R（左圖），在
商品、商品包裝、說明書或是附件上標示的，就是表示「註冊商

標」，是在政府機關經過形式審查、實質審查和公告期之後，頒發的商標證書，具有排他性；該註冊商標的所有者，受法律保護，未經註冊商標所有人的許可或授權，任何其他企業或個人不得使用，否則將要承擔侵權責任。換句話說，沒有獲得註冊商標，就不可在商品標上「®」，否則是違法行為。

TM（中圖）是一個商標圖形或符號，但不一定有註冊，不受法律保護，可能是正在申請中，這是美國申請商標的程序之一，我們也可以在商品上標上TM，只有不具法律保護性，但是也可因為冠上TM而向他人宣示該商標名稱已經在某處正在申請中或是已經取得商標權。

圓圈C（右圖）是著作權符號，標示「©」只是單純表該創作是由創作者創作而已，具有著作權法的法律保護，但是不受商標法律的保護，因為著作權不等於商標，侵犯著作權的罰則遠低於侵犯商標權，請辨明之。

建議：如果您的產品可能會銷售到多個國家，不要在您的產品上標示®，因為®具有法律保護也具有違法標示之虞，如果您在該國並未取得®商標權，擅自在該國銷售品牌名稱有®圖樣的產品，是要受到重罰或遭到檢舉的。但是如果您將所有的品牌名稱有TM字樣，因為TM不是法律正式規定的註冊商標，但反過來說，在各國銷售的產品冠上TM也不會受到重罰或違法行為；不僅如此，冠上TM有著讓他人認知這產品的品牌名稱已經有人申請或通過了，他人也不會去申請此商標，是一個有益無害的作為。

三、商標種類要弄懂

23類紗線等產品　　24類布巾等產品　　25類服飾鞋等產品

商標45類，哪一類要搞對

　　商標總共有45類，要先知道您產品的分類，申請對的分類很重要，否則自己應有的權利就誤失了。例如產品是紗線就申請23類，但是只能將品牌掛在紗線筒子上，不可以將品牌商標繡在內衣褲上，因為內衣褲是25類，剛開始就要申請25類，否則他人如果已經以「相同或近似的品牌名稱」申請25類，就可以據以舉發只有23類的您。

　　建議：申請商標時，要先全部盤算未來企業將要經營的產業類別，一併申請所有類別。商標權十年為一期，十年屆至繳費就可再展延十年，每一年的商標權利費用很少，為求日後事業發展無礙，建議一次就將相關類別都提出申請；取得商標權後三年內該類產品或服務必須要有行銷作為和銷售證據，到時候您可以很安心地大做廣告推出產品，因為商標權具有排他性，任何人不可製造與您相同或極度類似的商標產品，您的事業一開始走得才會穩健。

四、企業的五大威脅

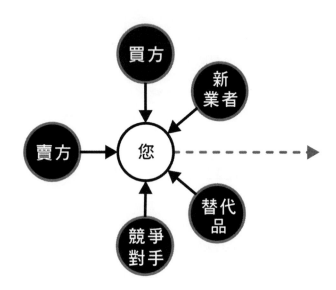

　　企業在進行規劃時，必須思考五大面向，因為每一段時間都面臨五個威脅：

1. **賣方**，企業製造每個產品都有上游供應廠商，每個廠商都希望賣得很貴，價格想辦法調高，而且總是希望貨款能夠早一點拿到。這對企業來說是個威脅，因為成本會提高，而且金流會早流失。

2. **買方**，客戶或是消費者總是希望越便宜越好，而且貨款都是月結多少天，希望拖越慢越好。這對企業來說也是個威脅，因為售價被壓低，利潤不大，而且收到的貨款被拖得很久。

3. **競爭對手**，和企業同質性高的產品，將會受到低價促銷、
優質服務的威脅，讓消費者喜歡他，不喜歡買您的。

4. **新業者**，闖入這個產業，夾帶著新思路、新促銷、新通路
買賣和您競爭。這對企業來說是個威脅，有隨時被競爭對
手趕上或取代的危險。

5. **替代品**，只要有比這產品更好用的，消費者就會馬上轉
向，購買更好使用的產品。這對企業來說是個大威脅，隨
著消費趨勢的改變，很可能一個產業就不見了，所以要隨
時留意大趨勢的轉向。

面對這五大威脅，可以保持不敗的就是「您是否擁有關鍵性
技術？」，無論是知名度高的品牌，或是發明專利，或是別人想
不透的營業祕密，這樣才有機會站穩腳步。否則，關鍵性技術操
之於人，很容易被任何一個對手取代，甚至，被擁有關鍵性技術
的合作夥伴取代。

五、習慣性的創業思維

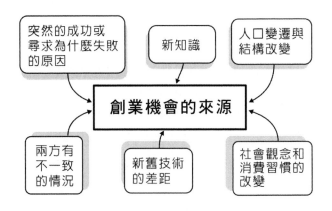

隨時隨地都會有商機，只要留意，只要多和別人聊天，並且機靈一點，找到創業的機會。

創業，基本上就是一個「積極的」念頭，任何一個創業家都是隨時隨地在觀察、揣摩、思考、盤算。所以，建立一個企業，「積極」的心是必須的。

只要您經常和創業家或是成功創業人士相處，就會發現，他們都有一個共同的特點，隨時在留意身邊的場景，聽別人聊天，觀察身邊人的行為，研究所使用的工具，以及經常提出問題，並想一些解決方案，這就是「習慣性的創業思維」。

您自己在創業之初，就要先養成這個習慣，看到一個事件去追索其背後的真正原因，經常翻閱跨行業的新技術新發現，觀察社會人口變遷趨勢，只要有「差異」就隱藏商機，或是因為一個社會事件使得大家的消費習慣改變等等，這種感覺就好像整個人就是一個超大型的接收器，運用各種感官去感知這個社會，當您思考與觀察得越微觀、越仔細，很可能會產生創業新想法。

總之，養成積極思考、尋找問題與答案的習慣，很重要。

六、「雙贏」的策略

這是衝突經典理論的漫畫版，實際上是兩隻驢子，唯有合作才能夠一起分享兩端的成果──這就是「雙贏」策略，和客戶提案，甚至和競爭對手談判，都要有雙方都得利的想法，這樣最容易成功。正所謂多一個敵人是多一道牆，多一個朋友是多一條路，雙贏的策略正是解決商業衝突的基本原理。

另以合約為例，一份合約可以起死回生，也可以滅門，慎之

為要。拿到客戶訂單，公司有收入當然活起來了；訂單交期不合理，趕不上結關整批貨物無法順利出貨，可能會因為賠錢或周轉不靈而倒閉。

合約是一種態勢的行為，任何一方擬合約一定都是先佔盡好處，對方沒有問題簽字就賺到了。對方有異議要爭取，就談判啊，慢慢退而已，退到雙方覺得OK的地步。因此，合約沒有馬上就簽的道理，要衡量自身的利弊，和客戶的關係，有時讓步，有時強硬，在「雙贏當中自己有賺」。

到客戶公司要去開會討論之前，一路上就要盤算雙贏的策略，因為唯有客戶覺得有賺，而您也獲得利益，客戶有賺和您利益的層次項目不同，或是上游或下游各有利潤，或是技術與通路瓜分利益等，都是雙贏策略的範圍，這樣生意才能順利談成。

事業分析
──了解您的產品定位

　　要先認清楚自己的事業和產品所處的位置，有很多種事業分析的方法，這次盡量全部擺上了，依照形式大致可分為大格局分析、競爭者分析、操作模式分析、九宮格分析、XY軸曲線分析、自我優勢分析等，將分節整理介紹。每個分析法都有不同的立場與想法，也各有優點，無法分別孰優孰劣，而且每個人所認知的，以及可接受的分析法不同，有人對於STP很上手，有人光是SWOT就可以透澈解析，因此，您可以一邊看，一邊設想自己的事業，甚至在旁邊加註您的事業內容，期望從中獲得一些啟發與新方向。

一、怎麼有效經營市場

❖「藍海」市場大不易

　　由金偉燦和莫伯尼兩位歐洲管理學院的傑出學者所著的《藍海策略》乙書，揭櫫紅海的市場就是血流成河的競爭激烈的場域，絕大多數企業都是以價格競爭為手段，不僅普遍性的必須承受獲利縮減的後果，而且要面對市場萎縮的未來。

　　而反觀藍海就是一個還沒有人與之競爭的市場空間，在一個

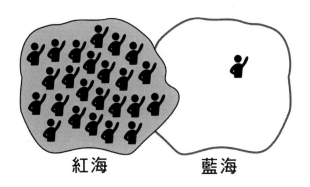

紅海　　　　　　　藍海

嶄新未開發的場域，是企業要追求的，這時候不是要競爭，而是不斷以創新的精神去爭取沒有競爭對手的市場空間。

這是大家目前普遍的觀念，造成大家都積極找尋藍海的新商機；但是卻隱藏一個很大的危機，在此姑且稱為「先知者的無奈」或是「教育消費者的挫敗」。

當您自以為在一個大家還沒有涉入的領域，相對地，消費者對於這個領域也是很陌生，所以當老闆們告訴公司幹部和員工要想辦法「教育消費者」的時候，幾乎注定這是小企業走向滅亡之路，還沒有教育成功資金就枯竭了。因為初期要投入大量宣傳資金是大型企業可為，市場上創新消費模式絕大多數都是大企業虧損多年的成就，當然在網路上有小企業異軍突起的案例，但是數量相對地少。

所以，這只是一方之言，不是絕對的真理，可以參考，千萬不要過度迷信。

請捫心自問，有真正的藍海市場嗎？只要您一開發出新的商業模式，新的美妝產品，競爭對手和通路大廠就馬上仿效，甚至將類似的商品陳列在您產品的旁邊，再使用誇大的廣告訴求和低

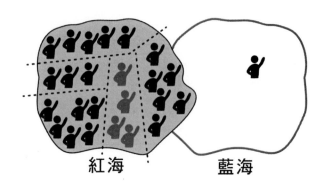

價位兩大招數逼您退出市場，這就是創新的難處。

戴勝益曾經為文：「藍海策略」真是害慘了年輕人（google 查詢即得）。他寫道：「放眼世界，我認為『藍海』根本不存在。今時今日，訊息的傳播速度飛快，網路發達更加倍助長資訊流通散播。任何商業模式、產品、硬體軟體……不管多創新、多特別，市場絕對不會眼睜睜的讓某一個受歡迎的點子被任何人『獨享』，一旦面世，就算原本是『藍海』，第二天也變『紅海』了。」可以想像的是，年輕人努力創新的後果，又墜入紅海之林了。

沒有藍海，只有紅海。那麼，就努力地在紅海中做好市場區隔，設定在同質性高的競爭對手中做「最徹底的好」，或是「最合乎消費者心理需求」的產品或服務，加上嚴謹的管理與策略的堅持，絕不放棄，並且隨時依照市場消費趨勢和客戶使用心得做彈性的調整，務求在紅海中做到第一，才是真正的生存之道。

以設計為例，現在沒有「創新」的設計，只有「更」的設計，就是將現有的產品、服務、表現方式、展覽形式，做得比他們「更」貼心、「更」有衝擊力、「更」方便操作等等；再衡量

現有的紅海市場早就有消費者習慣性購買的固定收益,如果您做得「更」合乎消費者的需求,要吸引消費者的力道,絕對比自己一個人在藍海獨力辛苦宣傳來得輕鬆。

❖ 如何運用80/20法則?

80/20法則,是由約瑟夫・朱蘭根據維爾弗雷多・帕累托本人當年對義大利20%人口擁有80%的財產的觀察推論出來的。這個簡單的數字組合可以說很多事,20%少數是公司的重要客戶資產,對公司具有重大的影響,而80%多數只是公司眾多的小客戶只會造成少許影響;例如世界上大約80%的資源是由20%的人口所耗盡的,世界財富的80%為20%的人所擁有,80%的產出源自於20%的投入,80%的結論源自於20%的起因,80%的收穫源自於20%的努力等。

目前最殘酷的事實是,全世界「26位」富豪的總資產,等於「34億」窮人的總資產,這已經是80/20法則最極端的實例。

所以,在行銷上要努力打造佔有80%業績的核心產品,要抓住20%的關鍵客戶,要留住20%的重要人才。從公司的業績報表馬上可知前五大的客戶,以及所佔的收益比例,公司應該專門為這五大客戶成立一個部門,甚至一條大生產線,將品質和生產量

做到最好，服務最周全，隨時觀察與配合五大客戶的需求，這樣公司至少穩住了80%的業績。

行有餘力，再從大量的80%客戶名單中挑選深具發展潛力、體質良好的客戶，努力為客戶開發更具有競爭力的產品、技術、功能，幫助客戶成長等於是您公司再度成長。

二、大格局分析

❖ 鑽石模型——分析產業優勢

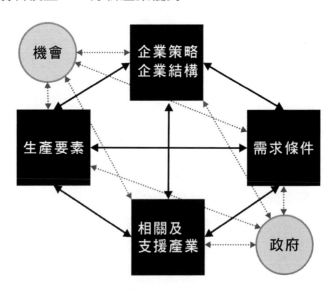

這是由美國哈佛商學院著名的戰略管理學家麥克‧波特提出的「鑽石模型」，主要是分析一個國家的某些產業為什麼在國際上有較強的競爭力，就是取決於以上四個要素（黑色方形），再加上政府政策與市場機會兩個要素，就可以成就某個產業的興旺。

　　這個用來分析國家某產業成功之因，應該也可以分析自身的企業，自身優勢的條件有哪些？可以加強優勢；政府的政策轉變有沒有帶來商機，市場趨勢轉向有沒有帶來機會？有了這個鑽石模型的參考結構，思考將可以更為周全。

　　公司如何使用這個模型做大格局的分析？使用類比法即可，其實公司和國家一樣，公司的生產與協力廠商的互動關係，公司在該產業鏈佔了哪個地位，公司可否藉由政府的政策獲利，或是有外在的機會增加公司業績的成長，公司的存在是滿足了哪些外在環境的需求，這樣的思考是先確立公司存在的條件，以檢視公司所制定的營運策略是適當的。

❖ 好賣不代表永遠

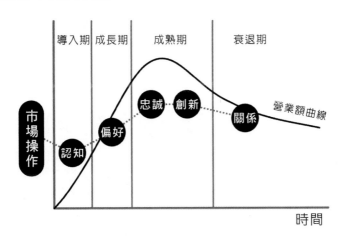

　　產品發展有四個週期，每一個階段都有相應對的策略，越是好賣的產品，就越要著力於創新；面對衰退期，就要戮力維持和消費者的關係，以延緩產品的營業額下降趨勢。

　　只要公司的業績有成長，這個有利潤的行業在市場是沒有祕密的，因為一家公司所生產的產品至少有十家協力廠商，原料、配件、通路、模具，甚至小提袋等，業績好，這些協力廠商的訂單供貨就多，銷售暢旺的消息自然傳開，迎來競爭者強力的侵襲是很正常的事。

　　所以當公司業績進入成熟期，面對的就是消費者飽和或競爭者掠食的下滑衰退情況，所以當公司在經過時期分析判定後，對於營運策略與部門結構調整，就要以保固消費者「忠誠」策略，以及督促研發部門「創新」加強進度，以減緩衰退或另創新高峰，這就是大分析的好處，可以制定公司的營運大策略。

❖ 沒有不變的商業模式

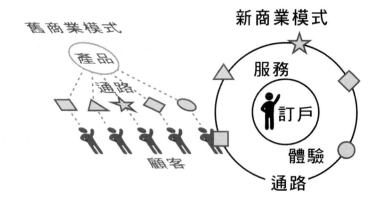

　　商業交易模式一直在變，尤其是網際網路興起加上飛航交通便利，以前所熟悉的傳統商業方式也要思考轉變了，從產品透過通路賣給顧客，這是舊商業模式。讓產品先提供服務給訂戶體驗，直接和顧客建立一對一的關係，基於這個體驗關係，建立社

群維護使用者訂戶的忠誠度是必要的作為。換句話說，以前透過廣告吸引消費者，現在是透過社群口碑相傳，以及熱門的搜尋，做為推動為忠誠消費者的重要推力。

這樣的商業模式也還在進化，就連經常使用的社群軟體也被消費者不斷地更換，因為消費者使用久了不免有更新的需求，因而產生新的溝通模式。而交易模式也是一樣，從信用卡交易到微信轉帳，第三方金流保證直到便利商店成了商品取貨點，手機APP的創意不斷地提出，食衣住行都可以一手搞定，有時候是創新，有時候是破壞式創新，有時候是反傳統的逆思考創新，這樣的改變，需要大方向的思考才能摸索出自己適合的商業模式。

這時候，說「故事」是一個關鍵方法之一，要說出產品的故事，或是說一個需求者的故事，創造一個氛圍清楚的場景和使用用途，這是一個值得可以傳頌出去的故事，也是可以聚集消費者成為社群的故事。因為自古以來，消費者最喜歡聽故事，如果剛好講到他們的需求，這個故事傳得會更快更遠。

三、競爭者分析——摸清對手底細

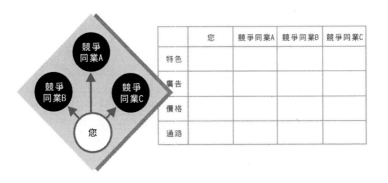

　　何謂競爭對手？就是找三個老大就是了，但是要找「門當戶對」的，一家地區性的早餐店，就不要找麥當勞肯德基做為競爭對手，因為經營規模不同。

　　要找和自己同質性高，規模相當的競爭對手，挑出三個，做好分析比對，競爭對手在市場上已經運作多年，他們的優勢、廣告、價格，甚至供應商的情況都是很清楚的，將他們分項目完全分析是必要的，因為您的敵手必須完全曝光在您眼前。

　　最後再將自己的情況完全列出，一定有優有劣，比對自己的優勢是不是別人的劣勢？有沒有明顯的差異化？

　　建議：做一個分析表格，項目依各行業不同而有所變更，不限於圖表所示，分析的項目建議超過八項，做一完整的分析，對照比較，從中找出可以競爭的優勢，公司的營運策略就幾乎確定了。

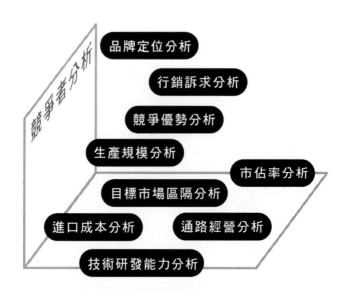

競爭者分析

- 品牌定位分析
- 行銷訴求分析
- 競爭優勢分析
- 生產規模分析
- 市佔率分析
- 目標市場區隔分析
- 進口成本分析
- 通路經營分析
- 技術研發能力分析

關於分析競爭者的優勢劣勢，或是技術供貨等情況，有鑑於一些讀者經常無法想像如何擬定，現在列出九個研究項目，就可以依此逐次訂出調查項目，諸如對手的行銷訴求、通路經營等，有明確的項目，就是不去確實調查，腦中還是有影像的。

1. **行銷訴求分析**：針對目標消費者訴求什麼利益？運用哪些媒體以準確傳達到目標消費者？
2. **競爭優勢分析**：尋找出關鍵性的優勢，他人短期內無法超越的優勢。
3. **生產規模分析**：產品的出貨速度與物流情況。
4. **市佔率分析**：該產品或服務的普遍程度，消費者接受的主要原因是什麼？
5. **目標市場區隔分析**：準確分析重度使用者，忠誠消費者之族群。
6. **進口成本分析**：進貨是如何操作，使經營成本降低的有效策略。
7. **通路經營分析**：經銷模式，通路鋪貨方式，有無可學習的優勢操作？
8. **技術研發能力分析**：從專利搜尋分析其技術的優勢，是否有專利迴避的可行性？

四、操作模式分析——找出創新點

❖ 確認「物流」與「金流」

要在現代的商場上生存，就要思考「破壞式創新模式」，冀求以創新的商業模式突破現有的市場框架。您可以列出每一個從

原料產地到消費者的環節，盡可能列出每一個可能忽略的消費族群，或是獨特的原料產地等；再根據所有的流程做一次檢視，可以一反現在的既有流程，做一次快速連結或縮短作業流程等，或是反其道而行，都有機會創造新商機。

您甚至可以將這張圖顛倒或九十度橫式觀看，或再增加一些要素，以產生創新模式的想法，有時候，大家忽略的地方，甚至是專業行業不想應對的客戶，正是獲利極大的龐大客戶群，例如窮人創業借貸銀行，向土地公借錢還錢等值以上金額等，龐大的平民目標消費者的挖掘，需要先劃出商業新模式，才能做好營運策略。

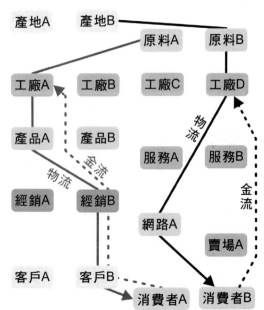

商業新模式劃定[物流] [金流] 流向

其中最重要的，就是將其間產品生產銷售的「物流」以及消費者付款的「金流」必須劃出來，檢查是否有遺漏或產生風險之處；金流物流的行進模式可以創新，但要確保錢安全收得到，貨快速送達目的地。

❖ NSDB：關鍵的四段思考法

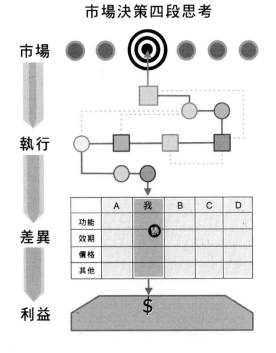

無論是開一家店鋪，或是決策這個技術是否可行，只要使用這四段思考就可以使自己的腦筋清晰而有條理，首先，您的產品或服務可以在哪個「市場」上銷售，可以解決哪些需求或問題？您是使用哪些技術、配方去「執行」？您的技術、產品或服務和

其他同質性競爭對手相比較，有可以勝出的「差異」性嗎？您可以得到哪些「利益」，是技術授權獲利、銷售或服務獲利，或是純粹獲得高評價的肯定，最終您獲得哪些實質或形式上的利益？

這就是熟知的NSDB思考法，Need市場需求，Solution解決方式之執行，Differentiation與競爭者的差異性，Benefit獲得之利益，同時必須在七分鐘之內簡報完畢，精簡而有條理的說明，對於客戶、老闆、投資者等都是極具說服力的訴求，同時，這也是檢視您想要創業的最關鍵四段思考。

例如：想要開一家韓式服飾店，您如果要在整條韓式服飾店鋪的市場開店，您的執行策略是什麼？和同質性高的韓式服飾店有什麼差異，您是去拿韓國當代服裝設計師的最新作品，還是精挑東大門最稀有的服飾？消費者可以因此而得到哪些利益，實質上或心理上的利益？

五、九宮格分析──讓您的事業體更具象

❖ 從九個面向看清事業體

在做規劃和經營事業之時，有時候簡單的話最有用，也最能使思緒清晰；最重要的起頭就是中間的「產品力」，是否能夠使用一句話說明產品，或是十秒鐘內介紹（30字之內，因為1秒鐘講3個字），想得清楚就能夠講得明白。

這九個區域各有九個層面，有九句話，只要能夠回答這九個問題，您的事業或產品的規劃大致上就比較穩妥些。寫完以後，相互比對是否有邏輯、供應鏈、消費者對應等謬誤或不相符的情

競爭對手優劣勢	消費對象	客戶群規模
對手和我們的差異	誰會買您的產品	顧客群有多大

成本與售價	產品力	業務與通路
要花多少成本售價多少	一句話說明產品	誰來賣

何時可損益平衡	廣告訴求	媒體與促銷活動
何時可以開始有收益	吸引人的利益點	有促購力的表現

況，將所有資訊濃縮在一張，就可以不需要看很多頁憑記憶力整合，直接一眼就看盡事業體。

公司內任何一個部門幹部與員工對於事業體各部份都要有整體的認識，研發部門也要知道消費對象、成本通路等；生產部門要了解業務通路、成本售價等；業務部門要知道財務損益平衡、競爭對手優劣勢等，全體員工都有事業體整合資訊的共識，溝通無礙速度才能快。

1. **產品力**：一句話說明產品使用消費者及其利益很重要，只要您能夠簡單地講出來且成功地讓對方心動，您的事業更趨近成功目標。

2. **消費對象**：確實描述出消費者影像、個性、喜好、經常出入場所等，就可以規劃更直接銷售的通路。

3. **客戶規模**：預期的消費者規模決定了產品的生產規模，也決定了這個事業是否值得投資的重要參考資料。

4. **競爭對手優劣勢**：準確列出規模與自身事業體相當競爭對手的各項指標，據以找出可以對目標消費者強力訴求的差異化特色。

5. **成本與售價**：根據自身的成本結構算出市場合宜的售價，並對照競爭對手的市場價格，評估競爭是否具有優勢，或必須從自身原料生產端再行檢討修正。

6. **業務與通路**：公司哪一個業務部門負責執行，要實施哪一個通路行銷模式，同時還要考量公司內部的資源協調。

7. **廣告訴求**：根據差異化特色，產品合乎消費者需求，強化其訴求，就是最有說服力的廣告。

8. **媒體與促銷活動**：針對目標消費者經常觀看的媒體，經常出入場所，擬定精準有效的媒體廣告與促銷活動。

9. **何時可損益平衡**：以成本利潤配合生產銷售量，算出損益平衡點，並據以排定進度，努力達成目標。

❖ 環環相扣的事業體要素

在您所領導的企業，或是您經手的產品，您自己的心裡面要有一個立體的感覺，在您的正前方就是想要達成的目標，而且影像要清晰可見，這樣才能明確目標；在您前面的左右方就是敵我產品，要分清楚差異之處；為了要行銷產品，您的左右手就是通路和媒體廣告，幫助您順利行銷；而您的後勤支援就是工廠、技

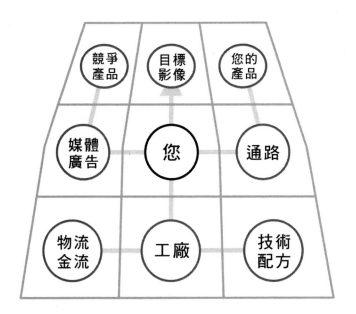

術配方和物流金流，供應您優質的產品。

在您的腦子裡面畫一個九宮格，畫出一個立體式的事業體整合影像非常重要，因為這每一個部份都會相互激盪，相互協調，而且每一格的任務不同，後勤支援就放在底下（物流、金流、工廠、技術配方），要往前打仗必須要有槍和子彈（媒體廣告、通路），面對前面的目標和敵方（競爭產品、達成的目標、您的產品），當您和對方在討論產品行銷任何事務，腦中有這樣立體九宮格編排，就可以針對一個問題而聯想到其他資源是否可以配合或調整，或馬上察覺到哪個位置資源短缺，必須強化。

一個簡單的九宮圖示，請常存在您心裡面，做任何事情，都必須和這幾個要素相連接，並且關聯不斷線，能夠環環相扣，事業與產品的行銷比較不會出亂子。

❖ 6W2H：跳脫思維框架

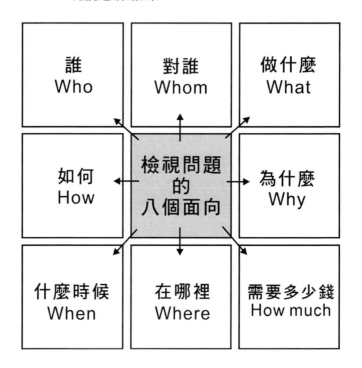

我們所熟知的6W2H，可以幫助我們拓展思考的範圍，針對一個產品，或是企業想要解決的問題，從八個面向探討、事物、主題，自問這個問題的成因是什麼？什麼時候發生的？為什麼會發生這個問題？……等等，這八個面向可以脫離思維的框架，同時也可以檢視對問題是否有正確的理解，有沒有忽略到哪一個面向？

在我們生長的環境內，任何一件事情都存在八個面向，如果您無法記住這八項，就複印貼上您的筆記本第一頁上，和客戶、

同事討論隨時檢查每一個面向是否已經滿足，哪一個面向仍存在一些問題，想得越完整，事業進行比較不會出差錯。

六、XY軸曲線分析──了解產品現況與未來發展

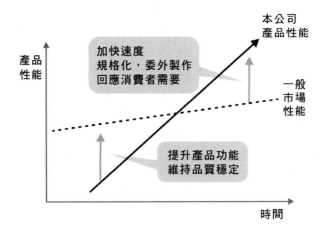

　　使用XY軸的兩個面向，其發展的軸線內容依行業別自行制定，也可以清楚了解現階段公司發展情況，以及未來應該制定哪些策略。有時候您可以使用XY軸分析您和競爭對手之間的差距，或是產品形象訴求的差異，或是原料成本浮動對於銷售的影響等，兩個變數條件的互動變化，也可以顯示出一些值得公司制定營運策略的重要參考。

　　以公司的成長策略為例，隨著發展情況不同而有不同的做法，當公司產品的市場功能還低於一般市場性能時，這時候就要提升產品功能，並且維持品質穩定，以爭取消費者的認同；當公司產品已經優於一般市場的產品水準，這時候為了提高利潤，就

制定標準規格進行委外製作，並且適時回應消費者需求，以維持競爭優勢。

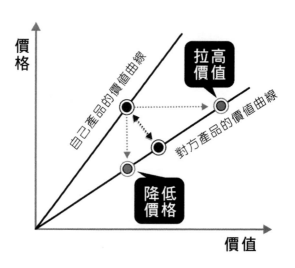

面對競爭對手，不外乎就是「價格」和「價值」兩個面向的競爭，原料成本乘以一定的倍率，不一定就是標準的市場價格，有時候還可以再提高價格，那個提高的部份就是「價值」，有時候這個價值代表技術獨佔優勢，有時候代表品牌知名度優勢，有時候表示忠誠消費者的信任度等，透過價值和價格的兩變數條件分析，就可以知道您和競爭對手產品的差距，以擬定適切的應對策略。

事先要分析雙方的狀態，找出一條有效率的對策，有時候先打出降低價格的促銷方式，同時也要努力加強研發；有時候是提升品牌形象與知名度，配合提升產品的功能與價值，增加公司業績與營收績效。

七、自我優劣勢分析

❖ SWOT分析：反轉弱勢與威脅

SWOT分析是最常見的自我優劣勢分析方法，幾乎每一份企劃書都會列出SWOT分析，甚至再從每兩個變數細分，無論是只列出四個面向或多達八個面向，不能只有分析就覺得達到企劃書的要求了。

要有更積極的做法，是弱點就不能只有認了，要想辦法將弱點變成優點，也可以換一個立場思考，可能弱點也是一個優點。

同樣地，面對威脅也不能只有自怨自艾，無論是結合他人的勢力一起面對更強大的威脅，或是想辦法另闢蹊徑，在其他地方成為霸主等等，都必須以積極的態度處理。

例如：開發出不太黏的膠，在一個偶然場合想到可以暫時黏一下不被強風吹亂，過一會兒就翻譜了，就產生了便利貼的創意點子，這個不太黏的弱點反而變成了其他目的產品的優點；而水潑灑地上化於無形，加強壓力即可做成水刀，切割紙張；再加入硬度高的粉體就能夠切割金屬。

當我們面對自己的公司、產品或服務的時候，最大的重點就在於如何反轉弱勢和威脅，使用其他資源、結合聯盟、轉個念頭換個立場去思考等等，以積極改變的態度面對！

❖ VRIO分析：保持競爭優勢

	人才	技術	資金	製造	物流	企劃	銷售	服務
Value 經濟價值	△	△	X	X	X	△	△	△
Rarity 稀有性	✓	✓	△	△	△	△	△	X
Inimitability 不可模仿性	△	△	△	✓	X	X	△	✓
Organization 組織	X	X	X	△	△	△	△	△

這就是VRIO分析，四個檢查項目的縮寫，是在1991年由傑恩‧巴尼提出的，可以仔細分析一家企業是否能夠保持競爭優勢，他們所擁有的經營管理資源，以及運用這些資源的能力是否有優越或缺少之處。

自身的企業也可以使用這個VRIO分析，您可以先自問，如果外人問起您自身公司的資源，第一個想到的是什麼？有沒有馬上就能說出的優勢？之後，再逐一分析，研究加強優勢之法，與補足弱點之道。

分析的目的主要有二：一是清楚明白自己的優勢確實在哪裡？無論是稀有性或是不可模仿性，都可以據以再投入資源強化他而居於不敗之地；二是知道哪些地方是公司最脆弱的地方，有可能公司未來的危機就是被競爭對手從這個破口攻入，透過VRIO分析就可以事先擬定因應策略，是委外製作、資源整合、增加研發或資金強化等，務使公司任何一個部份不要變成容易潰敗的缺口。

❖ BCG矩陣：確認市場定位

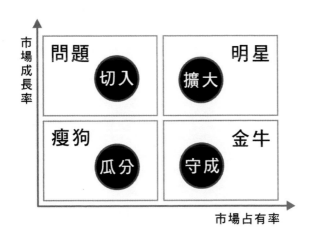

這是布魯斯・亨德森在1970年為波士頓諮詢公司（BCG）設計的圖表，稱為BCG矩陣，主要是幫助企業分析市場佔有率和成

長情況，明白自身在市場上的位置，以做好因應的策略。

　　當自身產品佔了大半個市場佔有率，且整個產品市場的成長率卻不高的情況下，這代表是穩定收入的是，以守成為要。但是在公司業務的相對性比較下，某些業務的市場佔有率低，而且在可預見的市場也沒有多大的成長率，這對於公司是沒有任何好處的，就必須以瓜分的方式，售出或是分割處理之。

　　當某產品的市場佔有率低，但是所處的市場成長率卻不斷上升，這是一個很好的機會，要慎於切入正確的目標市場，則有機會擴大市場佔有率。當產品的市場佔有率高，同時也遇上市場成長率也成長快速之際，該產品恍如明星一般，宜再擴大其優勢才是。

　　這個分析是一個事業體競爭力的初步判斷，同時也是大策略的先期引導，先掌握大方向是要守成或是擴大，待決議後再進行戰術討論，從大處著手細部規劃，整體戰略制定較為穩妥。

❖ STP目標市場行銷分析：站穩目標市場

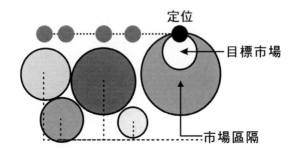

這就是STP目標市場行銷分析，但是畫得特別，不是一般看到的三角形結構，主要是希望能夠根據市場思維盡量畫得合乎現

實，我們要在多個市場（圓形）上挑選一個市場區隔，這就是「根據購買者特性，區隔市場（segmentation）」；而在這特定的市場當中設定了目標市場（白色圓圈），這就是「評估不同的區塊，選擇進入（target marketing）」；且這目標市場必須要有合適的產品定位（黑色點），這就是「塑造有競爭優勢的形象（marketing positioning）」，這個定位在其他市場或許有用，但在這目標市場更有效力。

在各市場當中，找出一個合乎產品大方向設定的消費者需求、習慣、喜好等市場區隔；從這個市場上再找出屬於自身企業產品真正的目標消費者市場，就要去尋思如何準確和目標市場對話與進行說服工作；再輔以產品定位，讓目標消費者能夠了解產品的用途與目的，也就是說，如果要用一句話形容您的產品或服務，會是什麼呢？如果能夠清楚定位，就能夠在目標市場上站穩腳步。

所以，在「消費者是誰」和「我們是誰」之間找到一個有利害關係的連接線，就能夠準確做好目標市場行銷。

❖ 清楚的行銷策略

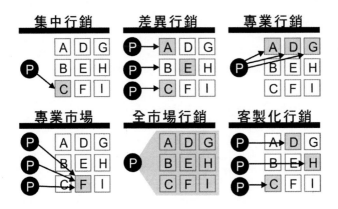

　　企業產品的策略，要看產品和市場的行銷方式，是要集中於某一地區消費者，還是要走全市場全通路的普遍性產品，或是針對某專業市場主推合乎該專業所需的產品。企業本身先要有一個清楚的策略走向，才能夠制定執行進度，有效推動企業行銷工作。

1. **集中行銷**：衡量自己的資源針對單一利基市場，可以集中心力在競爭者不想進入或不重視的消費市場，例如專為身心障礙者或高齡者接送服務。

2. **差異行銷**：根據不同的產品服務的行銷組合，分別進入不同的市場，獲取最大的市場行銷收益，例如筆電針對學生、商業人士、電玩競技等推出不同規格的產品。

3. **專業行銷**：專注於單一產品，在該市場的各領域消費者心目中都塑造出專業或權威的形象，例如彈簧床在居家、旅館、醫院等領域都是專業的指標。

4. **專業市場**：專門為單一市場特定消費族群設計產品或服務，完全合乎該族群的需求，例如美妝保養產品。

5. **全市場行銷**：提供給大眾市場，強調共同需求，以大量生產強化競爭力。

6. **客製化行銷**：針對個別消費者的需求，提供一對一行銷，有時可以透過網路滿足個別化的需求。

品牌規劃
──您想建立什麼樣的品牌？

　　品牌規劃百百種，各有說法，各有道理，學者創造了很多模型，每個人認知的程度不同，能夠有感應、領悟到的也不同，為了能夠讓讀者有多種模型的認知，因而啟發對於品牌規劃的具體作法，本章特別設計四個小節分別說明。

　　首先說明品牌的要素，有外顯的條件，也有目標式的品牌設定，以及各階段品牌發展的階層設計；其次，以漏斗形狀說明品牌的目的，逐步說服消費者最終購買產品；再者，提供兩個圖表以作為品牌規劃的溝通討論工具，方便達成共識；最後，從簡單到複雜，提供品牌架構總覽，這是身為品牌操盤者必備的工具。

一、品牌要素分析：該從哪些著手？

　　這就是品牌識別和品牌建立之間的關係圖，品牌識別是由一家企業、產品或服務的代表形象，由幾個可以控制的元素組合而成，根據美國行銷學會（AMA，1960）對品牌定義：「品牌乃指一個名稱、字句、標誌、符號、設計或它們的組合使用，目的是要區分一個或一群銷售者之產品或勞務，不致與競爭者之產品

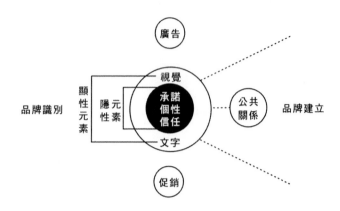

或勞務發生混淆。」構成品牌就有以下幾個要素，可分為顯性要素和隱性要素。

顯性要素是1.名稱：品牌可以用語言稱呼的部份；2.字句：可以稱為「口號或標語」（Slogan），是一種口號或一小組文字，可以輔助品牌名稱來識別企業、產品或服務；3.標誌、符號：以圖案或明顯的色彩或字體易於辨識；4.設計、組合：將品牌名稱、圖案、符號等做取捨、編輯、美化，另外再加上包裝設計和廣告歌曲等其他要素，形成一個整體而有顯著差異性的品牌標誌。

隱性要素是區分而不致與競爭者發生混淆，它是消費者看到品牌的心理感受，感受到品牌承諾、品牌個性，以區別其它競爭者，塑造「品牌信任感」，這是讓消費者感受到差異性，而且對於品牌產生信任的忠誠感的重要因素。

由顯性和隱性要素所組合而成品牌識別，就會透過廣告、促銷、公共關係等行銷活動，吸引目標消費者的注意，將品牌建立起來。

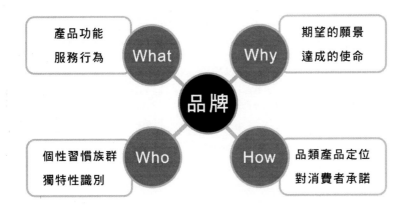

塑造品牌的價值，可以從四個面向八個切入點著手：

1. 在Why方面，思考要達成什麼樣的使命，這個使命為什麼值得企業去完成；為什麼要達到這個願景，這個願景值得消費者抱持著什麼期望？

2. 在How方面，要思索如何為這個品類當中的品牌下一個定位，以爭取消費者的認同；如何做一個對消費者承諾，而且是對消費者有利益的。

3. 在Who方面，可以思考這品牌所針對的目標消費者，他們的個性習慣，他們的獨特喜好，設計一個投其所好的品牌識別。

4. 在What方面，可以思考以產品功能和服務行為的屬性，依這些特性設計出適合的品牌識別。

您可以從任何一個方面切入，先思考哪個品牌名稱合乎期望，再延伸滿足各面向；或是您已經擁有品牌名稱，即開始思考要如何規劃展示造型、對外的訴求等各個行銷要素，以符合該品牌想到達到的效果。

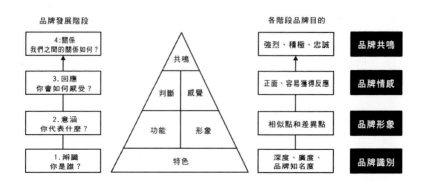

這是凱勒在2003年提出的基於顧客的品牌資產金字塔模型，這是造成消費者對於品牌共鳴的過程是一條「感性途徑」，由下往上逐步建構出可以影響消費者心智的品牌形象，其細部的構成要件如下：

一、**特色**：瞭解和滿足消費者的需求對應到產品或服務的特色。

二、**功能**：考慮到產品或服務的可靠性、耐用性與可服務性、有效性、效率、同理心，以及樣式和設計。

三、**形象**：根據購買與使用情境，設定品牌的個性與價值觀，想像使用者期望的形象，以及產品或服務的歷史、傳統與經驗。

四、**判斷**：感知到產品或服務的品質、信用和差異化優勢。

五、**感覺**：讓消費者感知到溫暖、歡樂、興奮、安全、社會認可，自我概念等正面感受。

六、**共鳴**：讓消費者產生忠誠度，對品牌的態度附著，擁有歸屬的社群感，或是主動關心品牌訊息或參與品牌活動。

能夠引發消費者共鳴的品牌識別才有品牌價值，也才擁有無限的品牌資產，獲得高度共鳴的品牌，例如哈雷、蘋果、蒙牛、康師傅等，能夠獲得消費者對品牌的親和態度，進而產生對品牌的忠誠度，這個擁有大量消費者的品牌等於是獲得大量的價值和利益，這就是品牌戰略的重要環節和終極目的。

二、品牌進程目標：以消費者購買為目的

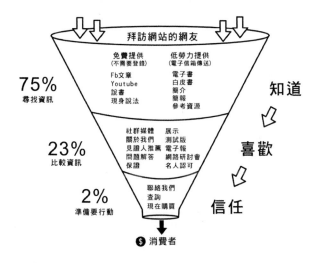

品牌推廣要達到的目標，就是讓消費者最終信任，而進行購買行動。

這是由Bluewire Media在2014年提出的內容行銷銷售漏斗模型，即說明在數位媒體時代從一開始接觸企業網站的網友到成為購買的消費者，其過程就像漏斗一樣，在漏斗的頂端，有很多網友會意識到您的品牌，有75%的網友都在尋找資訊；漏斗的中間

部份較小，實際上考慮進一步深入認識企業產品或服務的網友較少，只剩下23%的網友繼續比較相關資訊；接下來漏斗的底部甚至更小，因為許多考慮付費的網友最終決定不買，只有2%的網友對企業產品或服務有信任感，準備進行購買行為。

　　透過以上內容行銷銷售漏斗的描述，聯想到企業品牌、產品或服務在眾多消費者逐一過濾的決策過程中，能夠得到消費者信任而進行購買行為的只有2%，我們希望漏斗底下的洞口可以越大越好，意即「品牌信任感」能夠越大越好，如何從2%擴大到10%甚至更多是一個有意義的挑戰。

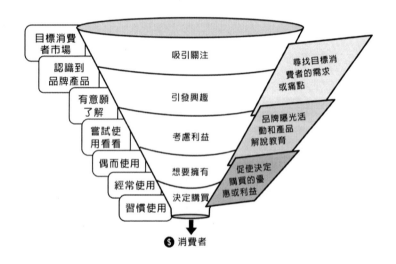

　　這是延續上一個漏斗形狀設計，將消費者購買決策，結合品牌規劃引導消費者的各進程目標，三個層面全部放在一起，就可以清楚認知品牌操作的目的。

　　品牌設計首先要務就是吸引目標消費者的關注，透過整體

品牌形象的整合包裝，進而引導目標消費者對於產品或服務感興趣，再經過適度的利益促動與誘引，逐步引領消費者進行購買。

這是一個反向的操作方法，就是從消費者從注意到購買的各項進程，檢視品牌是否可以滿足或達到這樣的目標，這種方法比較實際，省卻很多品牌「空談」理論的論辯，實際對照檢討品牌商標及相關形象配合設計的整體規劃，可否爭取到最終少數的決定購物者。

三、品牌策略溝通：品牌形象為何？

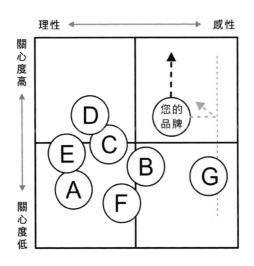

和公司同事、客戶溝通品牌制定策略，可以善用這個矩陣定位法，和其他競爭品牌分別放置其應有的形象定位，其XY軸的變數項目可以自行設定，就可以看出整個市場的品牌狀態。

利用這個矩陣定位法，即可以決定品牌發展策略，這是一張

品牌地圖，安排兩個對立的價值面，例如理性/感性，關心度高/關心度低（可依產業不同安排另外兩組價值觀），將市場上所有同品類的競爭品牌，依照消費者對於該品牌的認知程度安放在適當的位置，因而形成的一張品牌態勢清楚的矩陣圖，而您的品牌所處的位置與情況則清楚顯見。

如果您的品牌策略要加強感性要求，例如加強代言人或情境式的感性故事等，但是G品牌在消費者心目中已經具備了「最具感性」的品牌地位，所以您的品牌不宜再往感性之路。

往「關心度高」的方向走是一個好的策略，加強「話題性」以增加消費者對於自身議題的關心，從消費者關心度的提升進而對於您的品牌有好感度，也有助於提高品牌知名度和信任感。這就是運用矩陣定位法規劃品牌戰略的方法，可以協助企業瞭解自己品牌所處之情況，並且可以同時擬定進一步的發展策略。

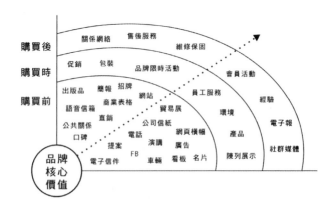

這是品牌操盤者最需要的策略溝通工具，將品牌核心價值要傳達到消費者要通過哪些通路或活動，藉以可以檢視品牌執行的

效率與待補足的項目。

　　所以，這是一個品牌核心價值融入品牌接觸點後形成的關聯系統圖，每一個接觸點都是增加品牌知名度及建立消費者忠誠度的機會，例如：社群媒體、博客、公共關係、直銷、貿易展、口碑、電話、關係網絡、簡報、演講、產品、員工服務、車輛、品牌限時活動、看板、名片、公司信紙、提案、網頁橫幅、出版品、語音信箱、電子信件、陳列展示、包裝、招牌、商業表格、電子報、網站、經驗、環境、廣告、促銷、維修保固、售後服務、會員活動……，消費者就是通過這些接觸點瞭解企業品牌產品或服務所要傳達的價值核心和差異化優勢。

　　基於此，就要製作一份完整的企業識別系統手冊，就是要將企業理念與品牌價值「用同一種聲音說話」，或是在任何地方看到企業獨特的識別系統「望一眼即知」；一方面讓世界各地的分公司或經銷商都有一個明確的依循規範，另一方面讓消費者能夠認知到品牌的同一性，對品牌更加產生信任感。

四、品牌架構總覽：哪些要素與品牌息息相關？

品牌形象　　特色利益　　媒體話題

通　路

目標消費者

　　這是一個簡單架構的品牌產品規劃，只有五個要素，卻有互有關係：

1. **品牌形象**，品牌要塑造出什麼樣消費者可以認同的形象。
2. **特色利益**，產品有什麼特色，而這個特色是否合乎消費者利益。
3. **媒體話題**，如果有可以塑造話題提高社會關注度，就不需要花費大量的媒體費用炒作了。
4. 根據產品特性找到適當的**通路**銷售。
5. **目標消費者**設定清楚，針對消費者的習慣與喜好返回去檢視品牌形象特色利益，和媒體話題等。

　　簡單的架構很容易記憶，也可以馬上對照找出缺漏之處，尤其是在快速討論當中，腦中有一個品牌簡單架構，就可以即時判斷並下決策。

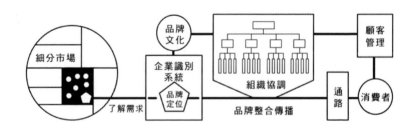

　　這是以品牌經理的立場所規劃整個品牌規劃工作的總覽圖，身為一為品牌經理身兼三個大角色，一是規劃師，負責制定和實施品牌的戰略規劃；二是企業行銷思維傳播者，傳達高層管理者的品牌戰略思想至各部門和全體員工；三是培訓師，培訓員工合乎企業理念的行為模式，使目標消費者直接感受到企業文化。

　　一位稱職的品牌經理是一位通才人士，他要有宏觀的視野去做長期性的品牌管理，也要有傳道士一般的耐心去溝通協調，更要有戰士一樣的體力去執行戰術性的問題，例如：公關資訊發布的審核、廣告和促銷活動的審核和執行等；所以，品牌經理重要的任務是塑造長期穩定、清晰明確的品牌形象，這需要一個可放眼未來的品牌戰略專家來制定。

❖ 一頁企劃書──快速抓住重點

品牌一頁企劃書

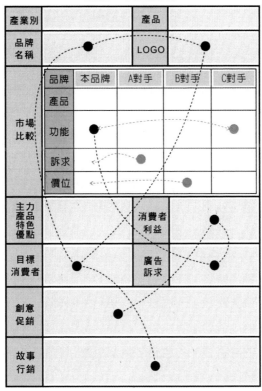

　　一頁企畫書，把所有行銷的元素都安排在一頁之內，這有三個好處，一是一目了然，不需要閱讀十幾頁靠記憶判斷；二是用字精簡，在有限的空間只能寫和產品有關的關鍵字；三是當場可檢視各元素相互之間的鏈結是否相符，例如目標消費者是小孩，但功能與促銷卻不搭等等，只需要使用眼睛瀏覽比對，就可以知道這份企劃書的規劃是否具有獨特性與一致性。

　　思考企業的品牌戰略，可以寫一大本計畫書，也可以只有一頁。一大本的計畫書非常好寫，也沒有人會仔細看，好寫在於在網路上搜尋相關資訊複製貼上修改即可，而長達一百頁的計畫書也無人能夠全部看完又熟思，使得精彩的洞見與策略反而被埋沒於內。

　　一頁計畫書最為艱難，但是也可以想得最透澈，同時也最容易說服的計畫書。因為一頁能寫的字數只能在一、兩百字之內，必須去蕪存菁，言簡意賅，逼使自己思考在有限的字數內表達最真切的重點；反過來說，決策者也能夠在有限的時間內瞭解品牌戰略的具體目標與執行方向，並且快速地抓到重點，而且如果品牌戰略清晰明確，一頁就可以勾勒出大方向；反之，如果一頁還無法說明清楚，就表示思維仍然無法聚焦，方向模糊，尚不能成為一個有競爭力優勢的局勢。

　　只要能夠填好這一頁計畫書，各個專案的對應都合乎邏輯性，例如目標消費者所需要的和消費者利益相符，而管道的安排也是目標消費者經常去的場所，同時和三個競爭品牌相比，也有相等而差異的功能要求等，這一頁的品牌戰略大方向的規劃要擴大至一百頁的計畫書，肯定是一份架構嚴謹而具差異和創意性的堅實計畫案。

事業經營的四大關鍵要點

事業經營有很多關鍵要點，成功的企業或聰明人士就是懂得抓到訣竅，經常會使一個企業起死回生，所謂江湖一點訣，成功的要素可能只有一個訣竅。

本章列舉了四個重點，提醒創業者多注意產品或服務是否有關鍵性原料或技術，自身企業是否掌握了關鍵性資源或環節；同時，也要提醒事業體進行任何研發專案，一定要遵行經過科學驗證的作業程序，不可隨興開發浪費無謂的資源；最後，提醒任何的動作都是牽一髮動全身，沒有頭痛醫頭，腳痛醫腳的空間，解決問題一定要全面性的考量。

有些是一般人經常忽略，有些是一般人經常隨自己興趣而行，有些是以為針對問題就可完全解決，提醒的都是關鍵性的事業經營必須知道的重點。

一、關鍵技術與原料：跨行業的思考

最踏實而擴大事業之方式，就是從自身的「關鍵技術」出發，依其技術的優點找尋其他產業的需求，成為其他產業最搶手、最頂尖的產品或服務。您的成本絕對是最低的，因為您的技術開發費用早就回收了，多出來的「副產品」之價格競爭力和品

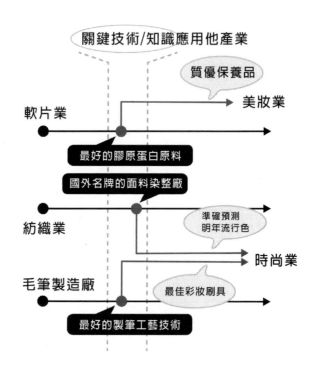

質優越性，將更勝一籌。

　　例如質優的軟片就是最好的膠原蛋白，正好可以製造高品質的保養品；而專為歐美名牌服飾染整三年後流行布料的染整廠，也正是可以準確預測明年流行色的最佳預言者。

　　思考自身產業的關鍵技術，可否應用到其他產業上，也成為該產業的關鍵技術，果真如此，企業就可以成功跨業，並且擴大營業範圍。

　　所以，您要有跨行業的思考，一個原料、一個技術並不限於只用在您這個行業，您要把低層次的原料技術思考，提升到高層次的材料運作方式思考。

　　也就是說，只思考原料就會窄化為現有的行業使用而已，但是提升至材料層次就可以進一步應用到其他行業，有可能是他行業的關鍵性原料；同理，只思考技術也會受限於自身行業的製程，但是提升至運作模式或創新操作方式，就可以思考應用至其他行業的產品製程，可能會跨越擴展企業規模。

　　每一個產業、每一個產品，都有其關鍵性的技術，例如內褲的關鍵性零組件就是「線」，某廠商在四十年前就使用當時品質最好的德國製線，由於線很堅韌使得製作的內衣褲牢不可破，可預見的結果是購買內衣褲的消費者並沒有提出客訴，更可預見的成果是委託製作的品牌廠商更信任這一家內衣褲工廠。

　　越是大家忽略的，越是不顯露在外的，就是您可以掌握的關鍵性技術。

　　您可以將您產品所有的零件與製程做一次大展開，所有的原料都鉅細靡遺，一一檢討哪一個零件因為改善而促使品質大躍進，例如某廠牌的指甲剪，其刀鋒適度地角度調整，使得剪掉指甲不需要重新磨平，因為在剪掉的同時已經削平尖角了；刮鬍刀的刀片設計也是在細節處，做好品質改善。

二、關鍵環節：優化您的事業

```
┌─────────┬─────────┬─────────┬─────────┬─────────┐
│         │   (KA)  │         │   (CR)  │         │
│  (KP)   │  關鍵活動 │  (VP)   │  顧客關係 │  (CS)   │
│  關鍵夥伴 │   (KR)  │  價值主張 │   (CH)  │  目標客群 │
│         │  關鍵資源 │         │   通路   │         │
├─────────┴─────────┼─────────┴─────────┴─────────┤
│       (C$)        │          (R$)               │
│        成本        │           營收               │
└───────────────────┴─────────────────────────────┘
```

　　這是由《獲利世代》的作者亞歷山大・奧斯特瓦德與其團隊所提出的九格式的商業模式，這只是系統式思考的形式之一，透過九個商業運作的要素經過適度的安排，例如將金流（成本與營收）在基層，由左至右從合作夥伴到目標客群，中間有資源通路價值活動等關鍵要素，一個事業體的經營如果能夠將這九個要素貫通串聯，就可以優化您的事業。

　　KP關鍵合作夥伴：誰是我們的關鍵供應商和夥伴？

　　KA關鍵活動：我們營運的必須要做的事項有哪些？

　　KR關鍵資源：我們需要哪些資源和資產？

　　VP價值主張：我們為消費者解決了什麼問題或滿足哪些需求？

　　CR顧客關係：如何與消費者建立關係？

　　CH通路：如何有效接觸消費者？

　　CS目標客層：誰是最重要的消費者？

　　C$成本結構：既定成本，最昂貴的活動有哪些？

R$收益流：消費者付錢購買那些價值，如何付費？

依企業的營運內容，填滿以上九個方格，相互比對，找出其間關聯性與脈絡，就可以大略了解整個企業的運作模式哪裡需要加強。

這個商業模式可以另外解釋為關鍵環節的思考，您要思考您的事業哪一個環節掌握了關鍵性的資源，是擊中消費者需求的利器，或是站穩利基市場的關鍵技術，或是掌握無人可敵的通路資源，從商業模式的九個要素中確實檢討，就可以穩穩掌握您的事業發展。

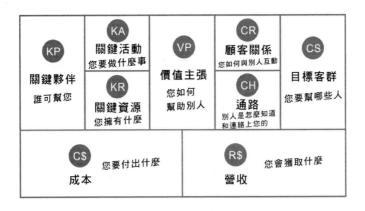

原本用於描述企業組織的商業模式圖，同樣也能套用在個人身上，這個商業模式可以填進您目前的工作內容，資源和服務的客戶，甚至可以檢視您對外的溝通管道是否適當。

很多讀者對於自身的優勢看不清楚，所謂當局者迷，因而白白地浪費而不善用，殊為可惜。

利用這一個個人化的商業模式圖，您可以自我檢討，甚至做

為您個人的人生發展圖，規劃出您這一生的發展進程，找出協助您的資源，訂出您可以處理的事情，設定您想要達到的目標，一步一步去實現它。

三、依規定準確執行：按部就班不亂套

MRD	市場需求規劃書
PRD	產品需求規劃書
RFQ	詢價或報價單
KICK-OFF	專案正式開案
FS	可行性研究
EVT	工程驗證測試
DVT	設計驗證測試
PVT	生產驗證測試
MP	大量生產
EOL	產品週期終止

這個標準的新產品開發各階段流程，開發一個新產品專案必須按部就班地照著規定流程走，不管企業有多少人都一樣，越多人越要遵守，否則必然亂了套，而且重複做白工。

中小企業只有十幾個人也是一樣，腦子裡面都要有這樣的流程「概念」，不然，經常犯的毛病就是，市場需求規劃書都沒有確定，客戶也沒有明確表達到底需要什麼樣的規格，就急忙地開始設計試產，結果忙了半天，客戶還沒有找到客戶，或是客戶說做出來的根本不是他要的。

關鍵要點就是，要以科學邏輯的方式做事情，要按照別人已

經經過「實驗實證」所歸納得到的規矩做事，各部門運作就不會亂，這樣企業整體的經營成本也會有效下降。

這個要求看起來很簡單，只要依序進行即可，但是實施上很難，最大的難處不是進度與順序本身，而是「觀念與習性」，大多數的老闆和高階主管通常都隨興開發，想到什麼就想做什麼，聽到客戶影射的市場就急著做出來想要搶賣，剛開始都以為市場前景大好，最終絕大多數都是浪費資源，徒勞無功。例如：沒有市場需求研究、可行性研究，就無法確定是否要投入資金去開發；上述兩項研究很費心力，要做很多的功課，蒐集很多的資料佐證，但是再怎麼麻煩還是要做完，確認後才花錢去開發，光是這一關，就很少人願意按照規定做事。

四、整合性操作：環環相扣

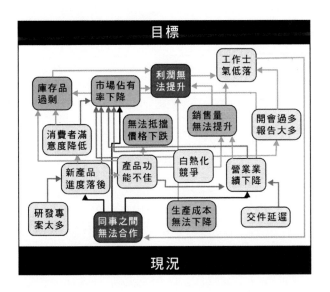

　　思考不能只有單向，解決問題不能只看一面，企業是一個有機體，是不斷地流動、滾動的，而且每個單位互相之間牽扯牽制，動一個就會影響其他。例如：一個簡單的「同事之間無法合作」所產生的影響是多元的，或是造成「利潤無法提升」結果的成因與歷程也是多元的。

　　因此，多面向的考量，多層面的決策，以整合性操作同時進行改造，才能夠真正地解決問題。

差異化
──如何創造賣點？

在企業經營上，無論是中小企業、新創事業，或是國際性大企業，「差異化」之聲不絕於耳，也就是說，每一位經營者都知道差異化，但是想要成功地創造「差異化」以拉大和競爭對手的距離，實務上是很困難的，基於此，特別列出差異化設計和差異化切入兩項提醒之。

一、差異化設計：找出您的獨特性賣點

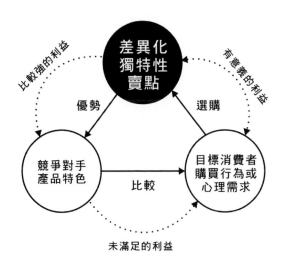

　　為什麼要做差異化的設計？這是相對於競爭對手，為了提供消費者購買的決策轉向參考，您的獨特性賣點就要比競爭對手有更強誘因的利益，才有機會轉而向您購買產品。

　　這是以差異化為思維架構的定位架構圖，企業要自己發展出一個獨特的定位策略，給予目標消費者一個獨特的印象，這個差異化就是對目標消費者一個「有意義的利益」，才能夠存活於消費者心中而佔有一席之位。

　　和他人有差異，和不同定位是一樣的思維，以前在超多可樂品牌競爭下，七喜汽水以「非可樂」不含咖啡因的定位取得僅次於可口可樂、百事可樂的第三品牌；艾維斯租車「市場第二」，中國加多寶以「預防上火」的涼茶產品定位，雲南白藥牙膏的「止血」定位，富豪汽車（Volvo）「安全」，只要找出和消費者有意義的利益關聯性，和別人的訴求不一樣，先說先贏，因為找到一個有威力的差異化特色是一個稀有的無形資產。

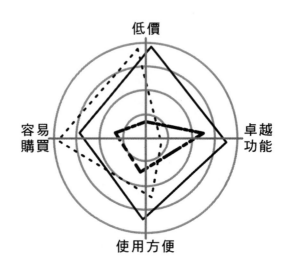

　　使用雷達圖分析自身企業和競爭對手之間的優劣，也可以找出差異性，您可以設定要比較的項目，不只有以上四項，如果有五項就會畫出星狀，六項就六角形，八項恍如八卦圖一般。

　　將每一家公司分別使用不同的線條形式或顏色標示，全部重疊繪圖，就可以清楚看出您公司產品或服務在某方面可能有突出之處，那一個地方就可能是差異化特色；相對地，其他項目其他公司有突出之處，也是他公司的差異化特色。

　　這張雷達圖的顯示，一看就知道自身企業產品或服務哪裡是優勢，哪些是缺點，再集中火力增加資源優勢，加強推廣與訴求，就形成了您的差異化特色。

二、差異化切入：能從哪些項目創造賣點？

　　事業經營需要「差異化」才有機會擄獲消費者的心，也比較容易在眾多競爭者當中脫穎而出，差異化的訴求要從事業體本身去尋找，小題大作，適度地誇大成了脫穎而出的大賣點。

　　有時候想要找差異化還真是件難事，因為不知從何下手，有了以上那十六個切入點，應該就可以敲開一些迷障吧！

1. **滿足需求**：您的產品就是要解決消費者哪些問題？省時？省錢？有榮譽感？
2. **研發技術**：您獨特的專利技術，可以促使材料改質，使功能發揮得更好。
3. **製造過程**：您特意在製造過程中增加某個製程，或是添加某個設備？
4. **獨特原料**：您掌握的原料出產地、品質、品種特別好。

5. **品質等級**：經過某些檢驗單位的測試報告，您的產品或原料品質是高級的。

6. **歷史地理**：您的位置具有歷史性的地位，或是具有地理優勢，或是景觀特別好。

7. **品質管制**：您的產品品質最穩定，即使經過多年多版本的改變，品質還是維持一樣。

8. **最優功能**：您的產品功能在同一等級的產品類別是最好的。

9. **貼心服務**：您產品的售後服務最完整、最周全，技術支援最即時。

10. **獨家配方**：您增加某些原料，使得產品材料彈性韌性更強，使食品具有特殊風味。

11. **訂製特製**：您擁有獨特的設備，可以做客製化快速服務。

12. **手工製造**：標榜所有產品都是手工打造，而且縫製技術是師傅等級的。

13. **品牌形象**：擁有大家都覺得信任的品牌形象，相信您的產品都是有品質保障的。

14. **競賽得獎**：獲得各種大小不等的獎項，源自於您的產品品質卓越。

15. **超低價格**：由於您的配送路線或製程縮短，原料取得成本大幅降低，可以提出價格競爭力。

16. **陳列展示**：創意巧思的陳列展示設計，讓消費者看了不僅吸住目光，進而對於產品產生興趣想要進一步了解。

佔了絕好的地理景觀，或是某歷史大人物曾經造訪，或是某文學泰斗經常前來喝茶讀書，或是掌握大家稱頌絕美口味的獨門

配方，或是因為產品穩定的品質一直受到消費者的信任等等，仔細檢視每一個差異的切入點，盡量多想幾個，去蕪存菁，一定會找到差異化特色。

差異化特色的切入點

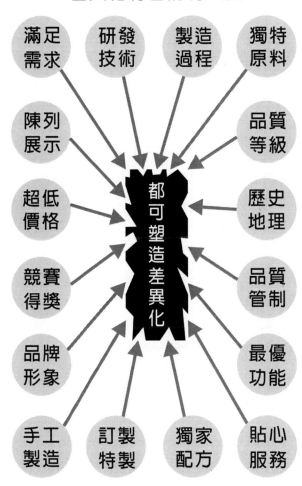

產品差異	服務差異	人員差異	形象差異
特性	交貨時間	產品說明	事件行銷力
性能	交貨重視度	銷售態度	廣告內容
價值感	安裝服務	禮貌	使用媒體
耐用性	銷售員訓練	信賴感	商標符號
安全性	諮詢服務	可靠度	店面外觀
可修護性	維修服務	敏銳性	陳列展示
最少零件	抱怨處理	溝通力	整體氣氛
產品造型	顧客教育	說服力	清潔
顏色組合		制服	
設計			

當局者迷，旁觀者清；自己擁有的優勢自己卻認為是應該的，對旁人而言簡直無法置信。曾經有一家食品廠耗費上億資金購置機器，為的就是追求食品可不添加香料的「真實原味」，這套機器只有兩家購置，超級大廠都不願花錢，但是這家食品廠的老闆卻認為這是盡食品業者應有的責任，並不想以此當作對外的廣告訴求，就廣告效益而言，上億元的機器僅止於資產，並沒有衍生效益。

一家企業的營運，在所有的操作過程中，一定有自己優於他人的特色或優勢差異，從產品、服務、人員、形象四大面向去逐一檢視，一定可以找到專屬於自己的差異化特色。

建議：請好友一起檢視自身的企業或產品，可能更客觀、更精準些，任何一個小細節，都可以做優勢推廣的話題。

1. **產品差異**：具有抗彎強度的特性，短時間可以飆快速度的性能，感覺是師傅手工製作的價值感，使用十年以上仍然

一如全新的耐用性，即使遭到強烈碰撞仍然具有安全性，重複使用可以快速修整的可修護性，同級產品當中故障率最低的最少零件，可以匹配時尚服飾的產品造型，根據各種不同階級、個性、行業的顏色組合，前衛感十足的設計。

2. **服務差異**：今天訂貨明天中午取貨的交貨時間，任何物品都妥善處置的交貨重視度，不放棄任何細節的安裝服務，確實執行保證學會的銷售員訓練，24小時不斷線的諮詢服務，零件供應充足的維修服務，貼心有效率解決問題的抱怨處理，活潑有趣的顧客教育。

3. **人員差異**：有創意巧思的產品說明，親和力高的銷售態度，高質感的禮貌態度，一副值得信賴的感覺，說詞有可靠度，對於市場趨勢有敏銳性，善解人意的溝通力，基於產品特色與功能的說服力，看起來有品牌認同感的制服。

4. **形象差異**：製造話題性的事件行銷力，一看就心動的廣告內容，多元化的使用媒體，記憶度高的商標符號，吸引關注的店面外觀，永遠有新鮮感覺的陳列展示，創造差異性特色的整體氣氛，一塵不染的清潔環境。

消費者利益
——如何打中顧客的心？

　　創業要一擊中的，確實合乎消費者需求幾乎是唯一法門，而需求不限於省錢省時間這麼簡易，任何實質面或心理層面都可列入。

　　只有直接訴求到消費者切身的生理或心理的利益，消費者才會心動去購買您的產品或服務，所以萬事不如利益急，努力思考自身企業的優勢，再對照消費者需求或利益，找到有意義的關聯性，事業經營就成功一半了。

　　為了協助您快速找到消費者利益，本章特別分為兩節，一是從消費者立場、所聽所聞、購買行為方面著手，促使您多加留意發掘可以創業的先機；二是直接羅列消費者利益達41個，這已經幾乎涵蓋所有可能的利益，您所要創業的產品或服務，至少會有兩個以上的利益可以滿足消費者，以方便您做有效的規劃思考。

一、從消費者行為著手：顧客在意什麼？

　　您要自己去想像，您自己就是那位消費者，您鎖定的目標消費者，「您」會經常遇到什麼困擾？什麼話題是經常掛在您的嘴邊？把自己想像進入消費者實際的情境底下，就可以融入並探索

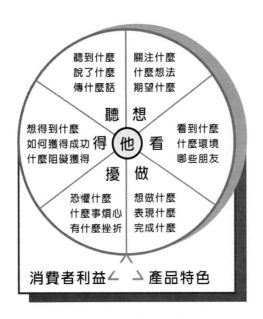

消費者的周遭情況，任何人事時地物的難題或不方便都是一個值得深究的議題。就連一個小時候玩伴無法聯繫上的小小遺憾，也造就了社群軟體甚至因此而創造國際型超大企業體，一個「想要聯繫久未聯絡好友」的需求，小小星火的爆發力驚人。

找到消費者迫切的需求，對應到產品功能是否能夠合乎消費者利益，這三個點都串連得起來，才是您創業的基石。

好好地了解您期望要賣您產品或服務的消費者，也是創造差異化合乎消費者利益的好方法之一。從消費者的道德標準如何，就可知道他在乎什麼；從他都談些什麼，就可知道他關心什麼；從他如何貢獻社會，就可知道他的特殊管道；從他的個性與特質，就可知道哪些話他聽得進去；從他喜歡做的事，就可知道他經常使用的用品；從他和誰往來，就可知道他屬於哪些社群。

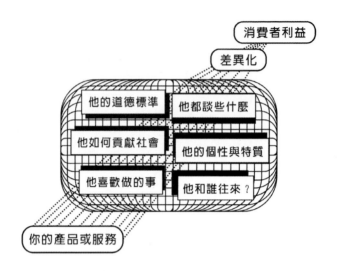

整合以上的資訊，逐一比對自己產品或服務的優勢，就可以去蕪存菁，留下來的就是可以大張旗鼓的差異化利益，並據此擬定具有說服力的廣告訴求。

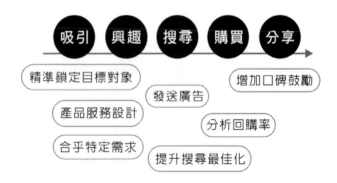

消費者購買商品有一定順序的心理狀態，剛開始被產品或服務吸引，進而產生興趣，在現代的網際社會就會展開搜尋，比對

同質性產品或服務，是否他屬意的產品或服務價值感最高，決定後就購買之，使用後覺得產品品質不錯，還會分享給周邊好友。

針對這五個消費心理，我們可以設定每一個階段的吸引策略。對於目標消費者的制定必須清楚，這樣才能設計合適的說詞以符合其特定的需求，產品設計也是完全依照目標消費者的生活習慣、作業模式而特別設計，這樣才能夠吸引消費者並誘發興趣。

當消費者展開搜尋時，我們的搜尋引擎最優化排序必須做好，並且在目標消費者經常使用的關鍵字或網站論壇等播放各式廣告；當消費者購買產品或服務變成客戶之後，就必須確實去分析回購率，分析回購的客戶群是不是之前設定的目標消費者，分析回購的理由與使用心得，據以設定更精準的目標消費群。

只要產品或服務做得好，有回購率，就會有口碑相傳的行為，這時候，可以設計一些好友相報、贈禮打折等優惠方案，以鼓勵加速口碑行銷的速度。

二、41種消費者利益全覽

如何利用消費者利益而寫出有銷售力的廣告詞？現在有個好辦法，就是找出利益→決定最佳利益→業務說詞→精簡用詞→有力廣告標語。

大家口中常說的消費者利益，到底有哪些？幾十年前紐約一位學者曾經研究消費者利益，其資料已不可考，還好當時有抄下來，總共有41個利益之多！這麼多個消費者利益，您自身的企業產品或服務能夠提供的利益，至少有三、四個以上吧，例如一家

消費者利益延伸至廣告訴求的簡單方法

消費者利益全覽	可以賺更多錢　　增加各種機會　　擁有美的事物
	可贈予他人　　更加輕鬆　　更為省時　　節省金錢
	節省能源　　看起來更年輕　　身材更好更健康
	更有效率　　更便利　　更舒適　　可迎頭趕上別人
	減少麻煩　　可逃避或減少痛苦　　追求或跟上流行
	逃避壓力　　更有效溝通　　提升地位或優越感
	感覺很富裕　　保護環境　　增加樂趣　　保護家人
	滿足花錢的衝動　　滿足口腹之慾　　讓自己高興
	追求刺激　　滿足好奇心　　可以留下一點什麼
	可吸引異性　　可換得友誼　　讓生活更有條理
	可以和同儕競爭　　及時獲得訊息　　感覺很安全
	保護自己的聲譽　　得到他人讚美　　可表達愛意
	希望更受歡迎　　保護自己的財產

列出幾個自己產品提供的消費者利益
並與競爭對手比較，決定最終「一個」

最終的「一個」消費者利益
以白話方式介紹給
您前面的消費者聽

將說話內容精簡用字
就是您的廣告用詞

旅行社可以提供的利益，就有：1.擁有美的事物、2.更加輕鬆、3.逃避壓力、4.感覺很富裕、5.增加樂趣、6.讓自己高興、7.滿足好奇心等七個消費者利益，您可以思考這一家旅行社最具優勢的消費者利益是哪個，那就是您的差異化特色。

　　反過來思考，您也可以利用這41個去尋找新的消費者利益，並藉以開創新的業務，例如「追求刺激」，旅行社也可以提供錢多到花不完的富家子弟送到國外戰地前線，去體會生死交關的緊迫感，享受「追求刺激」的消費者利益。

　　第二階段，檢討您自身企業產品或服務，從這41個消費者利益當中，至少挑選出三至四個利益，您可以和好友同事們一起挑選，取得共識；同時，也列出競爭對手可提供的消費者利益，並且做一比較表，比對檢討。

　　第三階段，和競爭對手相比對，找出自身企業的產品或服務「最具優勢」或是「未來要加強發展」的一個消費者利益，就專注這一個「獨特性」消費者利益去做發揮。

　　第四階段，您要發揮想像力，想像您面前有一位消費者，或是您乾脆請一位消費者坐在您面前，向這位消費者極力推薦這個產品或服務，說使用這個產品或服務可以享受到這個「獨特性」消費者利益，其實，這一段話在實際賣場專櫃上也經常在說，甚至，專櫃小姐面對過往的遊客，也會盡量說出關鍵的消費者利益，以吸引遊客駐足了解試用。

　　最後階段，將以上極力說服消費者的話術，只專注一個消費者利益所說的話，去蕪存菁，精簡話語，成為一個長句子或兩句話，基本上，只要能夠說服消費者，一個長達15個字的長句子消費者看完能心動，也是一個有效的廣告標語，所以廣告用詞不在少，即便是句子長而願意購買，最終目的就達到了。

產品規劃
──讓您的產品面面俱到

　　做一位經理人，對於產品的各個層面都要清楚，無論是縱向的產品銷售生命週期，或是橫向的產品各項設計與功能等，這樣才能夠全盤掌控產品的生命，並且善加延續之。

　　思考產品要有方法，本章提出兩種方式，一是結構與流程式思考，將行銷架構、產品外顯與本質、時間軸線和宣傳廣度的X軸線分析，為產品規劃出最佳模型；二是階層式思考，從實際面逐步上階到心理面，逐一檢討修正產品規劃；最後，提醒兩個觀念，都是產品規劃者經常忽略的關鍵要點。

一、結構與流程式思考

❖ 行銷4P基本架構

　　這是行銷4P的基本架構，也是產品行銷至消費者的四大要素，一般人只認知到這四個要素，但是再深入探究就知道每一個要素都有很多事情要去留意。

　　產品（Product）全方位的思考，針對目標消費者所設計的產品外觀和功能，以及應有的品牌包裝等，別忘了還有售後服務的規劃，讓消費者感受到產品的完整性。

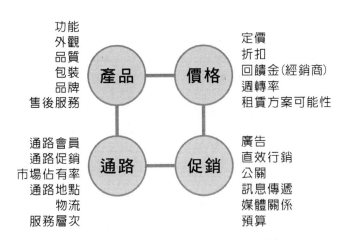

功能
外觀
品質
包裝
品牌
售後服務

產品　價格

定價
折扣
回饋金(經銷商)
週轉率
租賃方案可能性

通路會員
通路促銷
市場佔有率
通路地點
物流
服務層次

通路　促銷

廣告
直效行銷
公關
訊息傳遞
媒體關係
預算

　　價格（Price）方面也要做全盤的規劃，除了定價之外，還需要計算折扣額度，以及鼓勵經銷商努力行銷的回饋金，要慎思整個產品行銷速度所需要的周轉金等，價格的全方位思考才可以穩定公司的金流。

　　通路（Place）的規劃要有層次感，首先面對的是第一線的實體通路陳列，進而在賣場鼓勵促銷，再加以會員集聚第二波的消費者；思考通路也要考慮產品物流，而且物流也是成本之一，有效的物流可以有效降低經營壓力。

　　至於**促銷**（Promotion）方面，目前處於多元媒體全球網路通行的年代，加上大數據的精準分析，對於廣告的瞄準力和訊息傳遞範圍將更為有利；正值此時，更應該著力於「深具說服力的說詞」，才能夠負載在這傳播工具上，發揮加速銷售的效果。

❖ 完善的商品內涵

　　面對一個商品，無論是產品或服務，都含有兩層次的內涵，

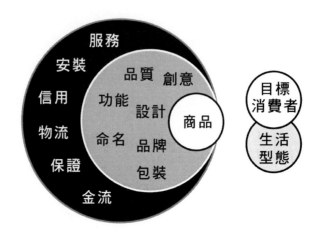

和商品最切身相關的，當然是創意設計、品牌加持、記憶度高的命名、穩定的功能與品質等。但別忘了，還有「後勤」支援的考量，要規劃好快速售後服務流程、產品安裝方便的設計、物流準確快速送達、金流收款不含糊，整個後勤就是建立在一個「信用保證」的心理氛圍底下，強力支持產品銷售。

　　這些的規劃，都是要全部符合目標消費者的生活型態，讓他們感覺到這商品正是他們需要的，特別為他們設計生產出來的。

❖ 讓產品更有銷售力

　　從金流的角度來看產品規劃，也可以將產品設計得更具有銷售力。在制定產品的銷售計畫之前，就要先了解之前的相關競爭同質性產品的銷售表現，客戶需求量與前景預估，自身企業的產品或服務與競爭對手的差異性功能與價值，才能夠做全盤性的鋪陳，再據此排定按月份時間、按地區別等制定銷售業績目標及所需的預算，定期檢視銷售業績表現，以隨時更新行銷計畫。

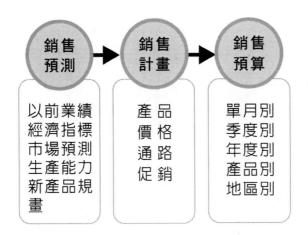

有時候，從財務和金流的觀點來檢視產品規劃是否合宜，可能更為客觀，無論是預估和檢討未達到當初預估值的原因，或是比對近三年同期的業績表現的差異，都可以將產品規劃修正成更符合市場需求。

❖ 找到您的潛在客戶

要找到未來的消費者，或是潛在客戶，是需要做一些細功夫的。

只要有消費者使用產品或服務，就有機會找出使用者分享與經驗，透過社群或媒體廣播出去，有一些網站會列出使用者的好評即是如此；逐漸累積使用者好評自然形成粉絲團，再加上有效率的客戶服務支援，任何支援方便連絡或下載，漸漸建立忠誠度。

適時地推出價格促銷，或是忠誠消費者的特惠活動，或是邀請名家撰寫推薦文，再編造一個感性理性兼具的故事，加速推

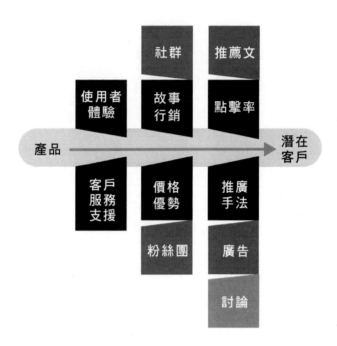

播增加點擊率,並且透過病毒式和口碑相傳,在這網際網路的時代,推廣速度更快。

　　建議:製作一張甘特圖,將所有推廣的項目詳列出來,規劃執行進度,就可以知道前後與銜接,環環相扣,則成功機率大增。

二、階層式思考:找到商品的核心價值

　　對於產品的認識要全面而完整,才能善加掌握廣告力度。同樣是一件產品,有實質上和心理層面的定義,一輛跑得飛快的車是產品功能和特色,不能只強調「快」而已,充其量它只是讓使

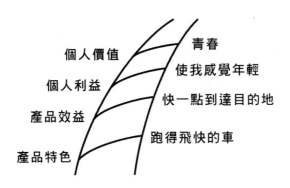

用者快一點到達目的地而已。要打動消費者的心，就要往上提升層次，能夠快就表示夠年輕，駕駛一輛「年輕有勁」的跑車，是青春能量的來源，或是獲取青春的資源。

有了這一層的理解，廣告訴求就可以表現，這是一部讓我年輕有活力的快車，或是類似的訴求，以擊中消費者的深層購買慾望。

所以，要不斷地問為什麼，為什麼消費者要買我們的產品或服務，要問到消費者購買的心理需求，才能夠一舉中的；因為，只要能夠滿足消費者心理深層的需求，其銷售量有可能會超乎預期的快，配合口碑相傳更快。

這是五段論述的產品規劃，可能也適合您的思維模式，從最底層的產品特色開始思考，或是先制定最高層產品帶給消費者的意義開始也行，或是從任何一層著手都可，產品規劃沒有制式的規定，是具有彈性的。

思考自身企業產品或服務，盡量填滿這五個項目的內容，如果都填上而且對應，產品或服務的設計和廣告的輪廓自然清楚顯現。

意義	帶給什麼人生的意義？ 例如：自信、自由...
終極利益	最終滿足什麼樣的需求？ 例如：虛榮心、愛面子...
感性利益	對消費者心理上的滿足 例如：美麗...
理性利益	對消費者的生理上的好處 例如：美白、消除皺紋...
產品特色	產品特性與功能 例如：成份、技術...

品牌的命名和設計也要多留意最上層「意義」和第二層「終極利益」，因為品牌表現的是一種意象和感覺，順著這一感覺才進行合適的產品造型顏色搭配設計。

思考產品的構成有另一個階層式思維模式，可以使用同心圓的方式從核心深層開始對話，消費者為什麼要買這個產品或服務？他們自己是期望想要獲得什麼價值或利益？這個問題最重要，因為往後所有規劃都要依此為根源基礎。

　　制定好「特定的利益或價值」之後，就開始思考如何勝過競爭對手，要想一個簡單容易理解的定位，這個定位不僅和競爭對手有差異性，而且更能夠吸引消費者的注目與青睞。

　　最後就是執行階段了，要擬定合乎定位的廣告訴求與表現，同時產品和陳列設計的感覺也都要符合定位想要創造的氛圍。這三段論述都是一貫的，統一口徑集中火力才有實效。

三、規劃迷思的提醒：您容易忽略的迷思

　　產品規劃最被忽略的事情是：自己設計的產品，總是覺得很好看，就像自己的孩子最優秀、情人最美是一樣的道理。其經常性的結果就是，產品推出後消費者有一些意見，多人使用後產生客訴，或是口碑相傳產品不好使用；屆時再修改產品原型，重新推出，已然失去商機。

　　案例：某冷氣廠商自詡專利好用，可以擊退所有品牌，該冷氣機的確解決了所有冷氣機運作的問題點，但是一推出，其冷氣機的寬度與現有房子客廳預留的冷氣窗口不相符，安裝工人必須另外準備開鑿工具擴大窗口，才能順利安裝，因此經銷商和工人都不太願意推廣。當該廠商重新改型推出，已然失去商機，加上其他因素，該款優良冷氣機就退出深埋，殊為可惜。

有客戶回購才是正確的產品

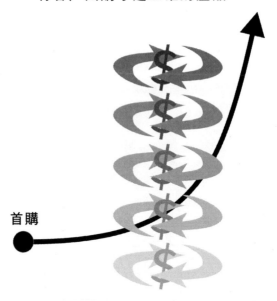

首購

　　事業經營要客觀，開發產品尤忌諱自己獨斷，要強迫自己將產品提供給朋友試用，有缺點改進後再重新提供試用，至少獲得20個讚，或聽到20個掌聲，才能確定產品的設計，開始進行銷售工作。

　　開一家餐廳，做一個手工香皂，第一個月都是有業績的，但是大多是親朋好友或第一次嘗鮮的客戶購買，他們使用之後，會不會再回來購買？如果您的產品或服務不具有競爭力，或是滿足消費者特定的需求，第一次只是捧個人場或是試用而已；餐廳、美容院、健身房剛開幕，親朋好友第一個月全部過來捧場，不要高興得太早，第二個月以後還會繼續過來，才是真客戶，也才證明您的事業產品或服務是確實有合乎消費者需求及利益的。

　　所以，一個正確而有潛力的產品或服務，最基本的條件是客戶要有「回購」，這才是事業真正的開始；如果一直沒有獲得客戶回購，肯定是產品或服務有問題，要慎加檢討改進。

事業管理不簡單

經營事業，毋寧說是經營「社會事業」，因為聘僱一位員工的背後就是一個家庭，事業經營也是在照護眾多的家庭生活。因此，當老闆其實是很辛苦的，不僅要管理龐大事業體，維持一定的業績量，才能做好照顧員工家庭生活的社會責任。

事業管理的理論很多，切入的方法也多樣，每一個思考事業體的管理手段都可以，端視經營者個人的思維模式找出最佳的操作方式，本章列舉五個切入點，一是從企業資源規劃系統著手，從整個事業體架構思考，並分別進行各項管理；二是從事業連鎖反應方面著手，逐步循線一一思考與規劃；三是人力資源管理的提醒，務求達到適才適所；四是風險管理的提醒，針對財產、淨利、責任、人身等風險做好預防規劃；五是專案工作分解結構（WBS）管理的提醒，將每一個專案工作細項化，才能夠確實做好每一項工作，準確達到目標。

一、從企業資源規劃系統著手：全面性的思維

經營事業的決策是全面的，何謂全面？怎麼掌握事業體的骨幹，再做整體的思考？

這裡先從實體著手，就是從原料－製程－通路－買家的生產

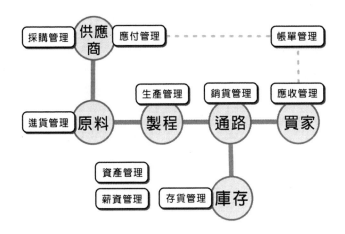

鏈，旁邊再加上供應商和庫存兩個要素，在這個生產銷售線上就可以知道需要做哪些管理。

1. **採購管理、進貨管理**：針對企業的採購流程如廠商管理、採購和跟催、收貨驗收等處理作業。

2. **存貨管理**：記載和保留出入庫的異動資料，同時要即時提供各種相關報表，讓經營者了解庫存狀況，做出適當的採購或存貨處分等決策。

3. **銷貨管理**：針對訂單和出貨作業流程，例如訂單處裡、價格管理、客戶交易紀錄等，做好經營者對於銷售狀況的掌握與回應。

4. **生產管理**：產品製造整個流程的結構性管理，製令和委外管理、物料需求管理、批次生產管理、成本計算與損耗管理，以促使彈性生產和最佳化產能。

5. **帳單管理、應付管理、應收管理**：整個會計總帳、票據資金、營業稅申報等各項財務報表，反映事業的財務結構，

讓經營者迅速掌握事業的營運成本和財務相關決策。

6. **薪資管理**：包含人事管理，管理人員及薪資、各項津貼與保險等。

7. **資產管理**：針對生產設備、固定設備資產等取得、改善、報廢、折舊、移轉等資產管理。

這樣您就可以知道當一位事業經營者腦中需要塞進多少資訊了，做一個營運決策是要考量各種正確資訊的衡量，而解決問題也是要全面整體性的。

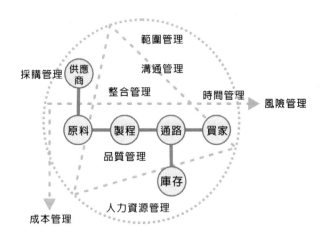

使用一樣的原料－製程－通路－買家生產鏈結構，套上專案管理的九大知識體系，也可以充分掌握事業體的經營策略與進度。

1. **整合管理**：把每一個流程做資源合理分配，決定執行的輕重緩急。

2. **範圍管理**：專心鎖定事業體要執行的範圍，產品或服務項目不可任意增加，以免浪費資源。

3. **時間管理**：先確定達成目標的時間點，再逆推各項執行進
   度必須在規定時間完成，才能將工作交給下一階段的部門
   執行。

4. **成本管理**：在大範圍的預算架構下，各項工作在編列的預
   算下完成，以準確控制成本。

5. **品質管理**：確保材料和製程所產出的產品符合客戶的期待。

6. **人力資源管理**：對於選才、育才、用才和留才，加上團隊
   合作，都有完善的管理。

7. **溝通管理**：務求資訊在對的時間傳達到對的人，規劃整個
   資訊流，以及所有利害關係者的管理。

8. **風險管理**：提高有利情況的發生機率，降低可能發生有害
   情況的機率。

9. **採購管理**：取得或購買原料與設備等各項資源，並規劃不
   會有缺料的管理系統。

以前是特別規劃一個專案，而達成目標，現在是每一個人的
工作專案化，因為只有用專案的思維處理事務，才可以有全面性
的思維，對於成本、品質、時間等九大要素都能夠完善處理。

經營事業體，無論是大是小，文件表單是必須的，而管理事
業的表單類型根據原料－製程－通路－買家生產鏈結構也可以清
楚明白。

1. **品質管理**：品質管理系統、技術文件、制度規定、稽核
   文件。

2. **研發管理**：研發專案進度與報告、實驗評估測試報告。

3. **財務管理**：行政與採購、專案採購管理、會計表單、營業
   帳務表單。

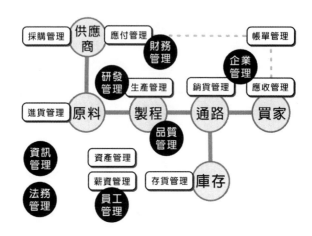

4. **資訊管理**：資訊文件、資訊設備、確效期的驗證表單。

5. **法務管理**：合約文件、專利商標智財權文件、法規命令、產品證照管理。

6. **員工管理**：人事資料、訓練文件、職業災害等資料。

7. **企業管理**：事業發展規劃、客戶資料管理、專案進度排程管理、會議記錄、簽呈。

將事業體管理分成七大類的管理文件，如果整合為資訊串聯，則作業效率將會更高。

二、從事業連鎖反應方面著手：掌握事業體運作

從撞球的連鎖撞擊效應也可以慢慢地掌握整個事業體的運作，拿球桿就從「需求」啟動，思考目標消費者需要什麼？我們規劃的產品或服務可以讓目標消費者願意花錢嗎？如果要達到一定的營業目標，其生產的規模應該如何？

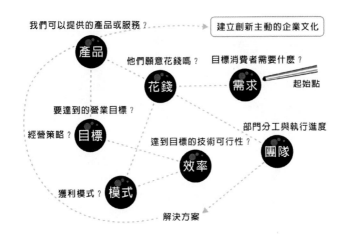

目標消費者願意花錢，其整個獲利模式如何？整個部門和團隊是如何分工，才能達成營運目標，這樣的運作可否藉由鼓勵與刻意營造工作環境的運作規則，在效率化作業的設計之下，逐步建立創新主動的企業文化。

三、人力資源管理：適才適所

人力資源的第一階段是找出適合工作的求職者，這是硬性能力；第二階段是希望應聘者能夠適應工作環境，這是軟性能力。從以前的人事管理著重於規章，進展到現在的人力資源管理，依每個人的專長隨時安排至不同工作領域，同時依經營策略規劃做好人力資源的分配。

因此，在一體化的人力管理系統之下，對於明確需求而招聘選才，系統化的選才條件與決定，有效率的專業訓練，目標正確的工作績效管理，最重要的是隨時要做好接班人的培訓，以因應

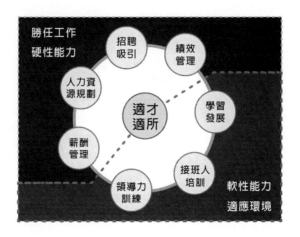

未來組織擴張的人才補位做準備，也要關心晉升及留才的制度，務使員工看得到未來，透過領導人訓練，使事業體得以無限及快速地成長。

四、風險管理：將損失降到最低

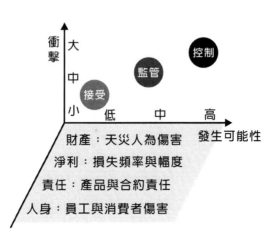

　　事業經營一定存有潛在風險，無論是外在大環境法規更動、競爭者加入，或是內部的人事變動或原料製程等，誠如第一章先行觀念所述，事業體一開始永遠面對五個威脅：賣方、買方、競爭對手、新業者、替代品，這就存在了五大風險因子。

　　對於風險產生後，根據衝擊的大小及預期發生的可能性，而有接受，監管和控制的處置行動，而可能產生威脅事業體風險，則至少有四方面，分別是財產、營業利益、責任和人身安全問題，事先設想可能發生的情況，可能惡化的處理，並制定風險管理的因應對策，以求損失降至最低。

五、專案工作分解結構管理：將大目標切割為小目標

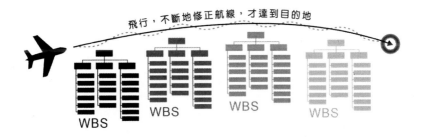

飛行，不斷地修正航線，才達到目的地

　　事業經營和飛行一樣，要沿途不斷地修正航線，才可以準確到達目的地；事業體也是在制定營運計劃之後，定期需要檢視執行成效，是否合乎當初的營運目標。

　　而在每一階段的工作，建議使用工作分解結構（WBS, Work Breakdown Structure）方式進行，意即將一個專案分解成很多項

目，而每一個項目又分成很多任務，而每一個小任務都指定完成的負責人，同時完成的事務是清楚明確的。反過來說，當每個小任務都完成，則集中到專案大目標自然準時達成。

　　這樣的設計雖然很繁瑣，但是好處是可以將工作分解到可執行、可顯見、可管理、有人負責，而且每一個項目都明確知道需求的資源及跨部門協助，而且也可以清楚知道未完成的工作，並即時做支援處理，從每一個小環節做控管與監督，以確保大事業體的運作順利。

行銷手法
──爭取第一名

在市場上，行銷手法千千百百種，因為各種產業特性不一，每一群消費者喜好的路徑多樣，所以行銷才會多變。光是照抄別人成功模式，有時候也會不靈光，最好的辦法，就是盡量多了解各式行銷手法，存於腦中，隨時拔適當的劍擊出。

本章將粗分三大面向，一是行銷戰略規劃，冀望以原則性、策略方向性的圖解說明行銷的最終目的，並提醒執行一致性等議題；二是行銷溝通引導，對於產品或服務銷售歷程中，如何和消費者進行有效的溝通，並進一步引導出購買慾望，做一些提醒與建議；三是行銷促動消費，列出一些消費心理而設計的促銷做法，希望本章能夠激發您更多的創意行銷方法。

一、行銷戰略規劃

❖ 如何擬訂行銷戰略？

規劃自身企業產品或服務的宏大視野，就是要爭取該產品或服務品類的第一名。無論是任何一個產品類別，行銷最終目標不只是同質性產品當中的第一名，而是該品類的第一名，例如汽車、飲料、清潔用品、保全、醫療器材等類別的第一名。

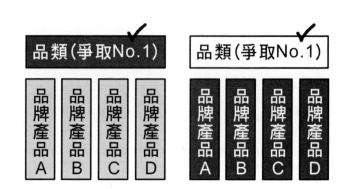

　　試想，當一家便利商店的飲料櫃的最底下，那一排只有幾瓶空間的大瓶裝飲料，各類的飲料應該都要有一支，同一種飲料不會放兩個品牌，所以，可樂要擺哪一個品牌？礦泉水選哪一支？牛奶挑哪一瓶？青草茶大家常喝哪一個品牌？汽水最暢銷的是哪一款？

　　只有該品類的第一名，曝光的機率和空間就大，穩站第一名的時間才會更久；所以，您設計行銷活動時，最高最大的目標就是爭取品類第一！

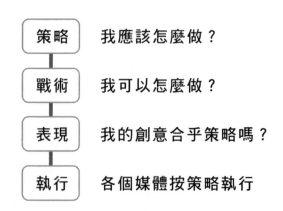

　　行銷，最容易「見樹不見林」，這是因為受到市場當時的變化，以及競爭對手猛出奇招，逼得自身企業的產品或服務必須應付突如其來的攻擊。但是，不斷地應付外來威脅的結果，就是品牌產品或服務的形象和廣告一直在變，變得連消費者都不知道這個產品或服務真正的核心價值到底是什麼？「一以貫之」，大家都懂，但是實際執行難度很高。

　　當一位品牌操盤手，就必須花大多數的心力在「策略」上，制定一個合乎產品或服務本身特性且具有差異化的定位，這個重要性和所需的思考時間幾乎是整個行銷的80%以上，只要確定大方向，以後的路就比較順暢。戰術是最容易制定的，依照定位方針輔以市場常用且有效的促銷手法，就可以排出陣式。

　　至於表現，當然是依「策略」執行，這時候最重要的就是合乎目標消費者的喜好，例如目標消費者是年輕女性，當廣告或企劃部門或外製公司提出合乎策略的廣告企劃案三套，要選哪一套就不是品牌操盤手決定，而是由企業內部年輕女性決定，因為她們才是目標消費者，她們喜歡哪一套，就是正確的表現；對於品牌操盤手而言，選擇哪一套都可以，因為那三套都經過品牌操盤手的認可，都合乎策略。最後，執行階段是最不費心力的，將行銷預算全部排定媒體即是。

　　這樣的思維雖然簡單易懂，但是要一以貫之，難處的關鍵就在於品牌操盤手的「態度」，一般而言，多少著墨於策略，沒有方向，又想要自行決定表現，加上自恃過高，不聽「目標消費者」的建言，一變再變，終致淹沒了紊亂形象的品牌。

❖ 磁鐵般的行銷

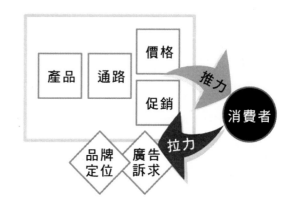

　　行銷的「推力」和「拉力」是一個不錯的議題，一般我們都是努力地將自身企業產品或服務透過通路進行促銷，推向消費者，但是這需要很大的行銷成本。

　　如果行銷能夠像「磁鐵」一樣吸引消費者，讓消費者自動前來，那可省下一大筆行銷費用呢！想要達到「拉力」的效果，有幾個項目最好都能夠做到位。

　　要有足夠吸引人的品牌故事，最好有確實的人或歷史人物，時間和地點，以及充滿戲劇張力的鋪陳；要有足以引起社會「騷動」的話題，讓目標消費者側目，開始關心這個問題，而最終的解答大多在您的產品或服務上；要有切合消費趨勢或迎合目標消費者深層心理需求的訴求，可以造成關注的力度。

　　所以，不是只要關心行銷4P而已，而是要多加著力於品牌定位和廣告訴求，以「拉力」做集客力，而且可以用小筆廣告經費立行銷業績大功。

❖ 行銷不只一種

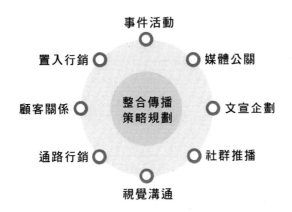

現在的行銷早就不是單一媒體作戰，而是多元媒體同步執行，整合傳播行銷已經喊了很多年，現在已經是必備的行銷知識了，這八個傳播項目只是最基本的，如果要細分幾十項都有。就從這八項開始，您檢討一下，自身企業的產品或服務在每一個項目的規劃如何？內容是否都合乎行銷大策略，其執行進度與其他項目搭配如何？唯有統一作戰，力量才會大。

要做一個完整的行銷組合至為重要，尤其是現在傳統的電視媒體和有線電視式微，新興的網路社群媒體興起，在有限的廣告預算之下，每一個傳播點都要處理，挑一個媒體做置入性行銷，思考話題挑起社會關注度，和特定通路討論活動促銷，製作每個人看了都想要轉傳的訊息，善用社群推播，每一個可以傳播的小地方都有設計，以達到整合行銷的目的。

二、行銷溝通引導

❖ 產品如何影響行銷

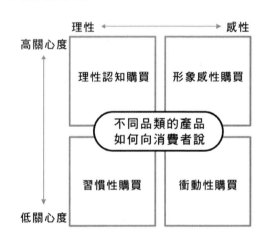

要使用什麼方式向消費者溝通,消費者是用什麼態度面對的?這是一個重要的議題。

這是FCB矩陣,是1980年FCB廣告公司的Richard Vaughn開發的,用來描述消費者購買決策行為的工具。一般我們都專注於向誰說,說什麼,但是針對目標消費者要「如何說」卻少有模型可以展現,FCB矩陣就是一個絕佳的工具,他可以告訴您自身的產品或服務屬於哪一個象限,應該使用哪一種方式和消費者溝通。因為消費者購買產品或服務時,就是根據不同品類的產品而有不同的消費態度與決策。

在右下方是感性兼低關心度的產品,消費者根本不關心產品的製造與功能,只憑感性的喜好就買了,所以稱為「衝動性購

買」，例如零食、飲料等，所以只要是經營此類的產品，大量「情慾性的廣告」是必須的，名人代言誘引也可，就是誘發消費者衝動購買即是。

在左下方是理性和低關心度的產品，消費者對於產品功能會先理性地了解，覺得合用就持續性地購買了，這就是「習慣性購買」，例如牙膏、洗衣粉，到賣場拿了就走。所以只要是經營家用生活用品，賣場的陳列促銷廣告很重要，是最重要的戰場。

在右上方是感性兼高關心度的產品，消費者對於形象很在乎，當然對於產品的質感也很在意，所以稱為「形象感性購買」，例如珠寶、服飾、化妝品，品牌形象、產品設計、店面氛圍等都要用心鍛造，因為消費者買的就是想要那種「感覺」，所以品牌形象廣告等外顯在外的很重要，設計費用千萬不能省。

在左上方是理性和高關心度的產品，消費者會很理性且很關心地了解產品功能特性是否合乎其需求，所以稱為「理性認知購買」，例如買房子、車子，所以經營這類產品要盡量提供消費者完整的產品性能，以理性比較說服消費者購買，同時後續的客戶服務也要周全，以滿足消費者高關心度的需求。

❖ 忠誠消費者怎麼來

這是新產品開發和銷售的七階段流程，其重點有三：強調利益以產生消費者對於產品或服務的興趣，當試用時要適時地激勵，成為消費者後要思考強化其忠誠度。

知道：透過媒體和通路，藉由溝通讓消費者對於產品利益有初步的了解。

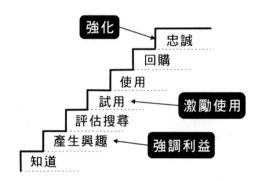

　　產生興趣：強調產品特色和目標消費者需求的關聯性，以激起消費者對於產品的興趣。

　　評估搜尋：廣泛鋪設宣傳的管道，提高媒體曝光率，以方便消費者搜尋比較。

　　試用：消費者能夠試用，是一個難得的機會，要把握這個機會激勵消費者繼續使用。

　　使用：盡量減少負面的使用經驗，增強正面的使用樂趣，滿足消費者的實際需求。

　　回購：重複產品或服務的定位，爭取認同，促使消費者回購。

　　忠誠：運用激勵，推薦，社群等各種方法，維持消費者的忠誠度。

　　所以，思考「利益」、「激勵」、「強化」，就是行銷引導的三個重點。

　　這是一個完整的行銷流程對應圖，是一幅很好的自我檢討與思考的圖表，您可以將自身企業的產品或服務放在上面，比對自己所制定的行銷計畫是否合乎各階段的溝通目標，而每一個項目您有沒有做完善的安排，是否有漏失之處。

　　行銷雖然是社會科學，但是也可以做得很理工，一個變數一個變數的比對，缺了就補上，填上後再創造出更好的策略或做法，按圖作業，每個項目都有做到，成功機率才會提高。

1. **明確的溝通訊息**：根據消費者的需求和利益，對應產品或服務的功能與特色，做直接的訊息傳遞。

2. **創造品牌形象特色**：思考和同質性高的競爭環境中，創造差異化的特色，突顯而爭取消費者的關注與吸引。

3. **建立消費者信任感**：產品或服務的品質維持一致性，客戶服務與支援不斷線，逐步建立消費者的信任感。

4. **吸引消費者的情感**：仔細思考產品或服務的差異化特色，能切入到消費者哪一個需求，直接觸動消費者的購買慾望。

5. **讓消費者採取行動**：增加一些購買的誘因，如優惠折扣、滿額加贈、會員特惠等促銷設計，以加快成交速度。

6. **建立消費者忠誠度**：隨時檢討行銷過程的缺失，達到零客訴的目標，才有機會穩定建立消費者的忠誠度。

❖ 讓消費者更有感

接觸點／體驗時間順序	視覺體驗	聽覺體驗	嗅覺體驗	觸覺體驗	味覺體驗	五感發出的訊息
型錄/網路	●	●				
入口	●	●			●	
票券	●					
建築外觀/正門	●	●	●	●		
櫃台	●	●		●		
接待員	●	●		●		
電梯	●	●	●			
走廊	●	●				
廳房	●	●	●	●	●	
接駁車	●	●	●	●	●	

　　行銷善用五感，消費者更有感；在當今體驗經濟來臨之時，當產品或服務的同質性越來越高的時候，能夠滿足消費者視覺、聽覺、嗅覺、觸覺、味覺五種感官知覺所做的行銷手法，就是五感行銷。

　　讓消費者能夠置身在產品或服務「刻意」設計的氛圍或故事當中，觸發更多的交互作用，引發共鳴，是經營事業者可以深思的議題。

　　這就是五感體驗設計的實際規劃表，以一個主題遊樂園，或是一家旅館為例，從大門入口依序到最後的接駁車，每一道流程都詳細列表，分別對應視覺、聽覺、嗅覺、觸覺、味覺，思考每

一道流程可以設計哪些感覺體驗，而且可以傳達出什麼訊息。消費者經過的每一個「關卡」，都可以體驗到各種感覺的驚奇，消費者走逛這一整個旅程，想必是印象深刻。

所以，這是在體驗經濟的重要參考方法，逐一檢查並發揮巧思，讓消費者在每一段消費旅程都有驚喜。

行銷方式	策劃者	消費者	具體作法
口碑式行銷	讓產品 品質說話	口語相傳	製造話題 傳播產品訊息
病毒式行銷	設計執行 多個方案	有創意 值得分享	引爆點 瀏覽破百萬次 媒體報導
社群式行銷	幕後企劃 策動活動	有參與感 團體歸屬	社群 論壇

處於現今的網際網路溝通快速的社會，最重要的還是自身企業的產品或服務，塑造一個讓產品會自己說話、讓產品自動吸引目標消費者、讓產品有口碑相傳的傳染力，是自己要先檢討克服的重要議題；而不要一直想著外頭的客戶、通路接不接受，自身重要的事情沒有搞定，別人也沒有理由支持您。

最佳的產品設計，就是讓產品自己會說話，這樣才能夠有效地進行口碑式、病毒式、社群式行銷，同時做，或是分階段做，都可以輕鬆執行。

三、行銷促動消費

❖ 文字的吸引力

這是十個最有吸引力的文字，不僅消費者喜歡，客戶也會心動，因為這十個是最有消費者利益的文字，誰都喜歡免費，誰都想要快速，誰都希望擁有稀有，簡單不動腦，輕鬆享有。

在設計行銷廣告促銷文字時，多考慮這十個，用任何一個都有實效。

1. **免費**：大家最喜歡的字詞，因為不需要掏錢就可以輕鬆擁有。
2. **快速**：滿足消費者不耐煩的心態，只要能夠快速，就願意過來。
3. **折扣**：少給錢當然高興，但是要有理由，不要隨便給折

扣，否則容易讓消費者以為實際價格就是折扣後的價格，
以後價格回復後就覺得貴而不買了。

4. **立即**：立即和快速一樣，只是用詞有變化，都是消費者喜
愛的字詞。

5. **您**：直接指出，和消費者之間的距離縮短。

6. **保證**：有安全消費的感覺，買了以後有品質穩定的信任感。

7. **全新**：新消息經常可以留住消費者的眼光，全新代表是消
費者不知道的新消息。

8. **更**：比現有的產品更安全、更方便、更快速，可以吸住消
費者的目光。

9. **稀有**：物以稀為貴，別人沒有，只有我有，這種尊榮感消
費者很難抵擋。

10. **簡單**：輕鬆就可以操作，不花腦筋一按鍵就完成，完全
合乎消費者慵懶的心態。

免費，永遠有效，一直是吸引消費者前來使用的長青樹，因
為要從消費者的口袋中拔出一毛錢要費很多心力，免費可取得則
相對容易多了。

只要先以免費誘引，吸引試用，對消費者的生活或是作業習
慣有幫助，或是隨時可以滿足消費者的特定需求，接下來要多付
一些費用才能享受更完整的服務，一般都是願意的。

至於免費之後的賺錢模式很多種，這裡羅列六種模式：

1. 一直免費使用，如果想要更多貼心實用的功能，或是取得
升級版，就要付費。

2. 基礎的產品提供免費使用，但是關鍵性的耗材，例如墨水
匣鏡頭，就要付費。

3. 或是使用基礎產品之後，周邊的環境改變了，需要購買配合的副產品或可以配套的產品。

4. 一直讓消費者免費使用，等待累積大量消費者之後，其他廠商願意支付廣告費和這群消費者對話。

5. 其實合作廠商早就支付費用了，消費者當然可以免費使用。

6. 先提供產品的試用包，或是一定期限的試用期，到期可以優惠折價購買正版產品等，還有其他免費後付費的賺錢模式，依市場滾動而不斷地翻新。

「免費永遠有效」之六種方式

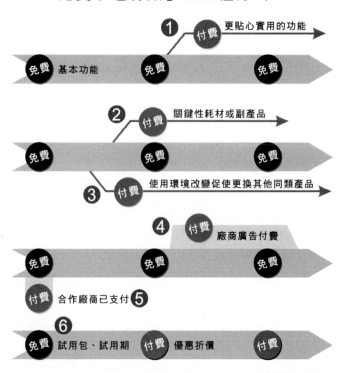

❖ 比較性促銷

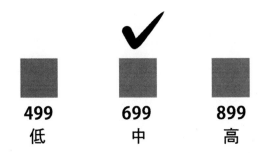

幾乎每位消費者選擇的模式都是這樣，客戶選擇案子的心理狀態也是一樣，就是太便宜的會怕，太貴的又覺得買不起或不太需要，最終選擇中間那一款最適當。向客戶提案也是這樣，例如提出三個廣告表現，尤其是電視廣告腳本，通常會設想一支安全而合乎策略的腳本，另外製作一支比較差的，以襯托中間安全合乎策略的好，再製作創新而大膽的腳本，或許可以得獎，或許可以在市場上異軍突起，依客戶的習性，選中間安全合乎策略的最穩妥而安心。

在賣場上也是如此，放三台電視，消費者經過比較後，會覺得高價位的電視價格無法接受，而覺得價位便宜的品質好像不太好，最終會選擇中間「兼具價格和品質適中」的電視。

所以，無論是賣場或是提案，用三而取中間，以求安心穩當，是不變的消費心理。

行銷手法就是一個心理戰，戰勝消費者就會有大豐收。

以這個雜誌的行銷研究為例，A組的實驗只有兩個選擇，消費者當然多選擇網路訂閱就好，省錢；而B組就故意設計一個

有比較，感覺多一個，很值得 ─────
故意放一個參考值 ───────

A組	B組
網路訂閱　$59（68人）	網路訂閱　$59　（16人）
	印刷本　　$125　（0人）
網路+印刷本$125(32人)	網路+印刷本$125(84人)
總業績$8,012	總業績$11,444

「檻」，多加上印刷本125元，和網路＋印刷本125元相比較，當然是選網路＋印刷本划算，因為「感覺」多了網路訂閱。就是這個貪小便宜的心理，讓B組多了幾千元的業績。

只要做一個適當的設計，讓消費者透過「比較」而感覺「賺到了、很划算」，就達到促銷的目的了。

❖ 促銷全攻略

促銷活動是企業在行銷規劃的必要行為，在眾多品牌競相爭取曝光之際，連促銷活動也是競爭異常，各種創意的促銷活動迷霧了消費者的心智，不由得掏錢出來甘心購買。但是促銷活動是一把雙刃劍，促銷的確能夠刺激買氣，可以使銷售量急遽上升；但是過度的促銷卻會造成期待再次降價促銷的心理效應，使得企業必須經常降價或贈品促銷才能回復到正常的銷售量。

促銷力的提升有很多層面要留意，一是活動執行力，由於促銷有期限性，各個部門的配合必須在規定的時間完成特定的任務，促銷是依企業產品或服務的銷售情況訂定「波段」，一波一波的促銷活動要持續刺激消費者的買氣，其曝光的時間點必須精

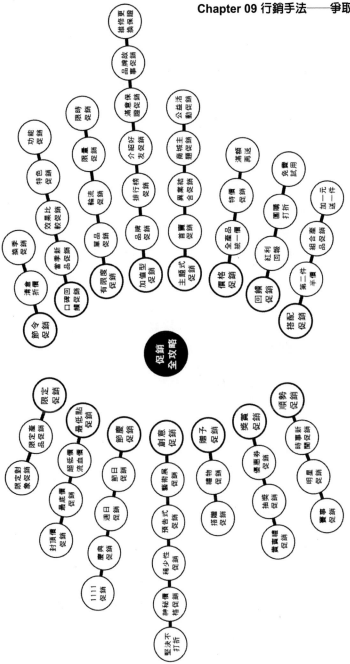

準而確實執行。

　　促銷是一個團隊的戰力展現，各部門的橫向溝通，以及瞭解目標消費者的喜好和習慣等，都是一個不可以有任何斷線情況的大工程，其活動方式、時間、促銷產品、人員分工、目標群體、費用、區域等實施細則，都必須使用甘特圖等專案管理的方式，保證促銷方案能夠得到充分地貫徹執行。

　　促銷手法隨著企業競相產出創意，其方式之多樣儼然成為一個促銷大觀園，在儘量避免直接降價而影響獲利表現，且會形成價格崩盤的疑慮，可以儘量用其他手法進行促銷活動，不僅將可以減少直接降價的獲利損失，而且可以透過誘人的促購「花招」吸引消費者的目光。

　　茲收集各種促銷手法成為「促銷全攻略」，您可以可依據自身和市場的情況，「輪播」各個促銷活動，消費者才不會覺得重複而厭煩。

1. **限定促銷**：限定產品促銷、限定對象促銷。
2. **最低點促銷**：超低價、流血價、最底價促銷、封頂價促銷。
3. **節慶促銷**：節日促銷、週日促銷、慶典促銷、1111促銷。
4. **創意促銷**：藝術展促銷、預告式促銷、稀少性促銷，神祕價格促銷、堅決不打折。
5. **贈予促銷**：禮物促銷、搭贈促銷。
6. **獎賞促銷**：優惠券促銷、抽獎促銷、貴賓禮促銷。
7. **順勢促銷**：時事新聞促銷、明星促銷、賽事促銷。
8. **節令促銷**：清倉折價、換季促銷。
9. **口碑回饋促銷**：當季新品促銷、效果比較促銷、特色促銷、功能促銷。

10. **有限度促銷**：單品促銷、輪流促銷、限量促銷、限時促銷。

11. **加值型促銷**：品牌促銷、排行榜促銷、介紹好友促銷、滿意保證促銷、品牌故事促銷、維修更換促銷。

12. **主題式促銷**：首賣促銷、異業結合促銷、商城主題促銷、公益活動促銷。

13. **價格促銷**：全產品統一價、特價促銷、滿額再送。

14. **回饋促銷**：紅利回報、團購打折、免費試用。

15. **搭配促銷**：第二件半價、組合產品促銷、加一元送一件。

創意想法
——成為創意人的訣竅

　　創意人人有，創意人人都會講，照書籍指示演練也可以，靠講師引導效果也不錯，總之，目前行銷的決戰之地就在「創意」；在創意面前沒有學歷、智商之分，誰先想到誰先贏，在創意面前是公平的，所以，自己要積極努力地，隨時思考探索，逐漸鍛鍊自己成為創新創業創意人。

　　本章分為兩節，第一節是激發創意的基本觀念，筆者的觀點和奧斯本博士的檢核表，是最基本的創意激發技巧；第二節是TRIZ蘇聯阿奇舒勒提倡的發明問題解決理論，其解決問題的效率奇高，因為他把矛盾衝突做系統化的整理，同時解決方法也系統化，這樣可以大幅減少嘗試錯誤的次數，TRIZ的理論網路上資訊相當多，也有很多專書討論，本節所列出的就是40個解決問題的動詞，逐一解釋並舉例說明，每一個動詞都是實際可以解決的有用動詞，您可以一邊觀看，或可以從中想到您眼前的問題而獲得創意激發。

一、激發創意的基本觀念：有哪些可能面向？

　　創意能力的最終結，就只有兩個能力：變通力和結合力，也

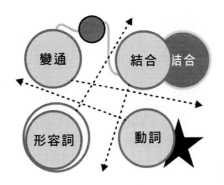

就是舉一反三的變通力，學得此產業技術的運作原理，也可以應用到其他產業以解決問題；結合兩個以上的既有或成熟的技術、材料、產品、知識、理論等，形成一個創新的概念或產品，例如智慧型手機就是結合多種既有的技術而創造一支新型態的手機，與以前單一功能手機相比的話。

而形容詞和動詞則是輔助的創意激發元素，有形容詞的加持包裝，一個簡單的物品就有新鮮的概念或發展方向，例如裸體的音響、靜謐的大鼓、乾淨的垃圾等；動詞具有直接改變物質型態和特性的效力，施以動詞就有可能解決問題，或是開啟新的形式。

只要善用這四個詞，您自然就是創意人了。

美國BBDO廣告公司老闆，也是提出腦力激盪術的創造者，奧斯本提出了檢核表，列舉了九個動詞，希望能藉由這些動詞的刺激而推演出新構想或新點子。

1. 是否有其他用途？

有「引申」的含意，就是從現在用途中引申新的用途，稍加改造引申出新的用途。例如利用花生可以烹調的幾十種菜餚，製作成品所留下的邊角料的延伸用途等。

2. 能否應用到其他構想？

具有「移植」的用意，意即移植其他經驗或構想，或是借用其他的創造發明，例如利用微爆破技術製造消除腎結石的機器，利用雷射技術切除白內障等。

3. 可否修改原有物質特性？

含「改變」的指令，改變現有的形狀、顏色、氣味、功能、音響等任何部份，例如改變汽車顏色以增加美感，改變滾柱軸承為圓形，成了滾珠軸承等。

4. 可否增加些什麼？

就是「擴大」的意圖，加一些、大一些、高一些、厚一些、長一些、多一些，例如牙膏加了某種配方具有功能性，褲襪加固了襪頭和襪跟以增加耐用性。

5. 可否重新組合？

就是結合、拼合、混合、配合、配套等想法，例如鉛筆和橡皮結合、組合式家具、組合式音響等。

6. 可否以相反的作用／方向做分析？

就是「顛倒」的意思，顛倒上下、正負、正反、頭尾等，俗稱逆向思考或反向思維，例如往上發射的火箭轉向地下，成為探底火箭。

7. 可否替換？

也就是「代替」，用什麼代替？怎樣代替？如何用別的材料、零件代替，用別的方法、技術代替，用別的能源代替？例如用液壓結構代替汽車排檔變速箱，成為液壓變速箱；利用填充氬的方法來代替電燈泡中的真空。

8. 能否用其他東西替代？

也可說「變換」，變換組成成份、型號模式、操作工序、因果關係、時間地點等，或是更換一下先後順序？可否調換元件、部件？例如商店專櫃的重新安排，營業時間合理調整，戲劇情節順序變換，機器設備的結構佈局等，都可能會有更好的效果。

9. 可否減少些什麼？

也是「縮小」之意，縮短、變窄、減輕、省略、降低、壓縮、密集等，思考產品能否縮小體積，減輕重量，降低高度，壓縮，變薄？例如袖珍式收音機、摺疊傘等。

二、TRIZ 40動詞：40大創意技巧

❖ 1.分割

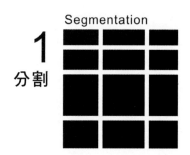

目前最有效的創意發明技巧就屬TRIZ，是蘇聯發明及教育家阿奇舒勒創造的發明問題解決理論，TRIZ是俄文的縮寫，它利用矛盾衝突矩陣分析整理出有效率的發明思維系統，而解決問題最終歸納有40個動詞，這40個動詞成了最有效的解決方案。

第一個創意技巧是「分割」，就是將一個系統分割成幾個部份，或是以隔離或整合某種有害或有用的系統性質。如果分割物體成為幾個獨立的部份，以化整為零的方式，例如：自動鉛筆的設計，就是將每個小段鉛筆心組成一個連續式的鉛筆；也可以將一些物體成為區段、區塊，或模組化，使得容易組裝與拆卸，例如組合式傢俱；或是增加物體可分割的程度，例如：多功能文具盒。

　　應用到商業管理，可以思考市場區隔，或是利用各地區成立責任中心制度，或是分割部門做好分工任務，或是成立分公司或子公司做事務性或產品部份功能性的委外製作，或是成立一家新公司處理製程的一部份。

　　將一個專案分解成一些較小的部份，以幫助控制交期和整體的執行。

　　將評估的標準項目劃分得更細。

　　實施授權，將決策執行分割。

　　透過人口統計學、心理變數、生活習慣、社會習俗等因子，做市場分割。

❖ 2.分離

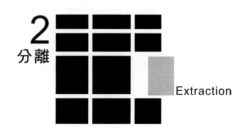

Extraction

　　第二個創意技巧是「分離」，就是從整個系統中分離出有害或有用的元件、性質；緊接著從分離後找出該系統獨特特徵。如果從物體中分離干擾而有害的部份或性質，例如耳機就是分離音響其他部份，只留下專屬耳朵聆聽的部份；如果從物體中分離必要且有用的部份或性質，例如濾水器，只有留下濾水的薄膜部份。

　　應用到商業管理，可以考慮公司部份業務內容採取外包處理，可以考慮將有用的廢物資源回收，或是運用關鍵字從資料庫中取得資訊，或是將獨立作業的部門組成另外新公司。

　　將生產和研發部門分離，將生產和維修分離。

　　容許客戶針對產品的需求，分離他們不需要的部份。

　　遠距教學，在家工作，地理位置分離。

　　分離商品陳列位置，直接帶到客戶位置進行銷售。

❖ 3.局部品質

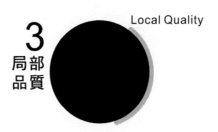

3
局部
品質

Local Quality

　　第三個創意技巧是「局部品質」，就是在某個物品之特定區域內改變其特性，以獲得所需要的功能，或是優化特定的資源。如果改變一個物體或系統的結構，從均質變成異質，從同一個材質改造一些不同的物質，例如安全鞋，將鞋頭的材料變成鋼製材質；如果改變一個作用或外部環境，在外部造成影響，從均質變成異質，或是同一個物件變成兩三個物件，例如分離式冷氣。

　　應用在商業管理方面，可以加強某部門或某單位的製程與功能，也可以根據某一部門的特性施以特別預算加強，或是根據各地區的消費特性加強其喜好。

　　在連鎖性商店推出在地化的本土民俗產品。

　　國際性大企業雇用當地員工，以當地文化與作業習慣處理國際性事務。

　　在餐廳裡面，設立特殊需求的局部位置，如兒童遊戲區，家長休息區，行李存放區等。

　　在賣場不同的區域，設置各專業人員，以當場滿足消費者的需求。

❖ 4.非對稱性

第四個創意技巧是「非對稱性」，就是從等方向性性質轉換至非等方向性性質，反之亦然；也就是說，大部份的情形是對稱設計，或是因為「過去都是這樣設計的」，要有創意的想法就要改變現狀；如果將對稱形式改以非對稱的形式，例如舊款的USB；如果物品已經是非對稱形式，再增加非對稱形式的程度，例如輪胎的胎紋根據受力部位而有不對稱的紋路，再根據受力的部位對於輪胎材質軟硬度施以結構的改造。

> 　　應用到商業管理上，對於客製化產品計畫大量生產，或是增加防呆裝置以適合特殊需求的人士，或是使用特定獨創的策略介入，以創造差異化特色。
> 　　善用互補性的組織，做協調合作。
> 　　廣告招牌或看板的形狀不對稱，以吸引大眾的目光。
> 　　公司不同部門給予不同的預算，而不是傳統式相同比率的預算制。

❖ 5.合併

　　第五的創意技巧是「合併」，將系統的機能、特色及元件重新整合，創造出新穎、令人滿意或獨一無二的特性。也就是說，藉由添加或合併新的物質，或加入技術進入舊系統，以改進系統的效能及功能。如果將相同或相關的物體、作業或功能實體連接或合併，或合併需要連續操作的相關物體，例如雙層巴士連接兩層乘客的乘車空間，列車連接各車廂；如果合併物體、作業或功能，使其能在同一時間一起作用，例如PC板與電子組件即是。

　　應用到商業管理方面，可以將相關的配合產業群聚，形成一個供應鏈緊密的企業團隊，或是組成一個策略聯盟，或是做企業合併，或是將上中下游一貫化生產。

　　將各種小型的商店合併成一家大型購物中心或區域。

　　將展覽、會議、研習、大師講座等合併於同一時間舉行。

　　幾家公司，分別在不同國家，共同成立一個物流運籌中心。

❖6.通用／萬用性

6

通用/萬用性
Universality

　　第六個創意技巧是「通用／萬用性」，使系統更一致，而且無所不包。也就是說，使用相同的物體、動作或特徵，但目的或使用方式不同。

　　在產品的運用方面，有沙發床，兼具沙發座椅和床睡覺的雙重功能，具有可調整板手寬度以適用於各種尺寸大小的螺帽或螺絲。

　　應用於商業管理上，可以設計標準產品規格，以適用各種功能相同的不同品牌產品，或是制定能力指標，以適用於各行業具有相對能力的職位。

　　多雇用同時具備技術和商業素養的多元人才，並組成團隊。

　　一家簡單的商店，可以提供食物產品，也可以提供飲食諮詢，也可以提供營養數據分析。

　　電子商城，可以拍賣任何有形或無形的商品。

　　箱型車，可以容納多人乘坐，可以提供過夜睡覺需求，可以載運貨物。

❖ 7.套疊

7
套疊
Nested

　　第七個創意技巧是「套疊」，使用套疊結構是使系統可以緊密結合，或各元件彼此緊密結合的一種性質；也就是說，利用套疊結構，將不同功能的物體整合成單一系統，產生具有多重與不同性質的系統。如果將一物體或系統放置在另一物體或系統內；另一物體又被放置在第二件物體的內部，例如伸縮鏡頭、俄羅斯娃娃。如果將一物體透過另一物體的空隙，例如可伸縮天線、伸縮指揮棒。

　　應用到商業管理方面，可以設計層級式組織結構，利用組織環環相扣的制度，或是由下而上利潤分享的目標管理，以達到達成使命的目的。

　　商店裡面，還有令人驚奇的小商店，還有關注度高的小空間。

　　公司內有員工自行創業的子公司，活動中還有群眾自發的創意小活動。

　　客戶來公司，業務接待，內部工廠主管接待，生產線主管接待，作業員工接待，增加客戶的信任感。

　　在每一項作業執行後，進行規模較小的品質管制檢查。

❖ 8.反重力

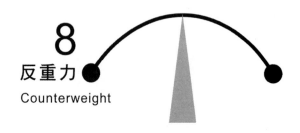

8
反重力
Counterweight

　　第八個創意技巧是「反重力」，就是以等量的方式平衡、補償，創造均勻的分佈。如果在物體或系統的重量發生問題的地方，能夠結合能提供升力的事物，就能夠解決重力平衡的問題，例如降落傘；如果在物體或系統的重量發生問題的地方，使用其他資源能量，例如空氣動力、水動力、浮力等，去提供升力，例如磁浮列車。

　　　應用在商業管理方面，用借力使力的方式，善用民意調查或田野訪查，探求最真實的消費者需求，或是尋求各種投資組合，用以降低風險。
　　　提出挑釁式、挑戰式的問題，以激起跳脫思維框架的新想法。
　　　在正面的市場預測報告之後，提出反面的風險管理報告。
　　　同時雇用高成本和低成本的人事，以激起員工的鬥志，而非一般的敘薪標準。
　　　一家書店，不僅是賣書，也可以買書。

❖ 9.預先的反向作用

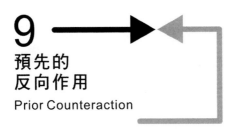

9
預先的
反向作用
Prior Counteraction

第九個創意技巧「預先的反向作用」，就是事先針對可能會出錯的地方，採取行動以消除、降低或防範錯誤的發生；也就是說使用預先的反向作用，可以消除、降低或防止產生未來不想要的機能、事件或條件。如果一個作用包含有害與有用的效益，進行反作用的行動，就可以去除或降低有害的效果，例如胃藥。如果對物體施予預應力以抵抗有害的工作應力，例如預力混凝土即是。

> 應用在管理層面上，預先設想未來的市場需求，以滲透的策略設計產品以滿足消費者的需求。
>
> 在高風險的活動執行之前，預先公佈可能的負面影響。
>
> 在調查消費者滿意度之時，詢問消費者對於產品當中，哪個部份最不喜歡看到？
>
> 在行銷活動中，巧妙地安排負面評論，以激起消費者對於新產品的興趣及注目力。

❖ 10.預先作用

10
預先作用
Prior Action

　　第十個創意技巧是「預先作用」，就是在事件發生之前預先行動，也就是說在改進效能與安全上，事先協助正常運作，使事情更簡單，創造優勢。如果預先導入有利於功能到到物體或系統上，只要在部份位置即可，例如自黏信封，或是郵票邊框打上孔齒。如果預先安置物體或系統，以致能在最方便的時間與位置發揮作用，例如在美工刀上事先劃上溝槽，或是汽車內的安全氣囊，或是消防自動灑水系統，預先安置好設備。

　　應用到管理層面上，可預先做全球佈局，或是預先做專利佈局，或是預先簽訂長期合約以穩定協力關係。

　　在新產品開發階段，讓開發工程師事先和第一線銷售人員同時工作。

　　在開學之前銷售課堂用具，在祭典之前發送祭祀用品，在上班之前做好專業訓練。

　　在新產品上市之前，直接到潛在客戶經常到的場所試用、試賣。

❖ 11.預先緩衝

11
預先緩衝
Beforehand
cushioning

　　第十一個創意技巧是「預先緩衝」，就是預先準備，因為沒有任何事情是完美可靠的，必須要預先做防範。如果事先準備緊急的方法或備案，以補救該物體可能存在的潛在危險性，例如汽車內的安全氣囊、屋頂上的避雷針、保險絲、飛機的黑盒子紀錄器。

> 　　應用到管理層面上，要有兩家以上的供應商、安全庫存量的零件備份。
> 　　事先制定退款政策與處理流程。
> 　　導入服務流程的保險計畫。
> 　　在支援客戶服務之前，先和客戶解釋後續的作業。
> 　　將商品貼上警示標籤，事先嚇阻偷竊。

❖ 12.等位性

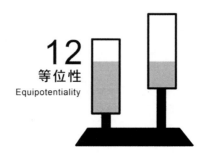

第十二個創意技巧是「等位性」，就是建立連續與完全相連接的結合與關係。如果重新設計工作環境，可以消除或減少舉起或放下物體的操作，例如輸送帶、貨車的地磅。

應用到管理層面上，根據完全銜接產品生產進程的要求上，在接近消費者、原料地區、客戶工廠等地區設立廠房，以準時提供貨物。

在公司建立互信互助的機制。

建立標準作業流程，確保不同的消費群組享有平等的處理方式。

聘請第三方獨立協調團體以解決不同程度的衝突。

❖ 13.反向操作

　　第十三個創意技巧是「反向操作」，以相反的方式行動，把裡面變成外面，把上面變成下面，也就是逆向思考。如果改用相反的作用取代原作用，例如削鉛筆機的夾頭本來是往內夾現在卻往外開、跑步機用相反的方式轉動；如果使固定物體的可動部份或外在環境，或是固定的部份變成可動，例如電動手扶梯。如果將物體、系統或程式反轉，上下顛倒，例如雙向鑽頭，正反兩方面轉動。

　　應用在管理層面上，就現有的操作與營運方式，思考相反的運作模式；產品買賣的金流物流走向，思考相反的運作方式。
　　直接在消費者的地方，進行消費者的訓練工作。
　　在家裡處理銀行業務，在街上就有流動式圖書館。
　　舉出評價最差的執行案例，訓練精準的評斷能力。
　　讓汽車修護技師自動找到消費者家裡，而不是消費者開車去修車廠。

❖ 14.球面化

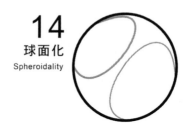

14
球面化
Spheroidality

　　第十四個創意技巧是「球面化」，就是使用曲線或球面的性質，取代直線的性質；也就是說，使用轉動滾輪、凸輪、球等曲面取代直線運動。如果使用曲線取代直線，曲面取代平面，球體取代立方體，例如旋轉梯、凸面鏡、密碼轉輪鎖；如果使用滾輪、球、螺旋，例如滑鼠；如果旋轉運動取代直線運動，例如設計一個滾式油漆刷，取代傳統刷子；如果利用離心力，例如脫水機。

　　在管理上的運用，客戶服務的圓融人際關係，多元解決方案的顧客關係管理。
　　各部門主管的輪調。
　　圓形的工作環境佈置，環狀式的超級市場商品配置。
　　使用 3D 球體做完整情況的簡報，而不是使用 2D 環型表現。

❖ 15.動態性

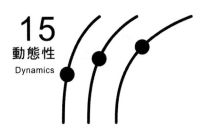

第十五個創意技巧是「動態性」，就是使一系統、狀態或特性，變成短暫、臨時、可移動、可調整、具彈性或可變化的；也就是說，使系統更動態化、使元件可移動、使系統的特徵可彈性化、使系統能相容於不同應用與環境，來達到更大的成效。如果在不同的條件下，物體或系統的特徵，要能夠自動改變以達到最佳的效果，例如可調式後視鏡、可調式方向盤。如果分割物體成為可以相互移動的元件，例如魔術方塊；如果物體或系統是不活動的，使其能活動或能互換，或增加自由活動的程度，例如可自拍數位相機、行動電話，行動電源。

> 在管理上的運用，設置動態性的管理制度、可調整的模組化設計、情境式管理。
> 流動工廠，隨時彈性作業。
> 針對每一個特定案例做動態性的流程調整。
> 以動畫式的呈現，取代靜態圖示。
> 隨時移動會議地點，以避免心理慣性思考。

❖ 16.部份或過度動作

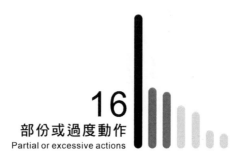

16
部份或過度動作
Partial or excessive actions

　　第十六個創意技巧是「部份或過度動作」，就是使用比需求更多的作用或物質來處理問題；或使用比需求更少的作用或物質來處理問題。如果很難完成100%的理想效果，則使用「較多一點」或「較少一點」的作法去簡化問題，例如紫外線烘碗機、X光檢查身體。

　　管理上的運用，使用敏感度分析檢查物質特性，運用虐待式測試、高溫高速等方式試驗產品功能，使用消去法去除冗長的製程。

　　不是只是單純地滿足消費者的需求，而是讓消費者更有驚喜感。

　　限於時間，要刪減一些講義內容，做成講義讓學生回去研習。

　　讓消費者預先拿取同質性高的多種產品回家試用，以增加購買決策。

❖ 17.轉變至新的空間

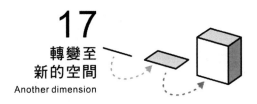

17
轉變至
新的空間
Another dimension

　　第十七個創意技巧是「轉變至新的空間」，就是改變線性系統的方位，使其從垂直變成水平、水平變成對角線、水平變成垂直。如果轉變一維的運動或物體成為二維的運動或物體；或轉變二維成為三維，例如3D立體影視，立體模型；如果使用多層的結構取代單層，例如6片式CD播放機；如果將直立的物體傾斜或使用另一側面置放，例如可傾斜式貨車門；如果使用物體的另一面或反面，例如內外雙面兩用夾克；如果投射光線到物體的鄰近區域或反面，例如螢光路標。

　　在管理上的運用，在紅海市場當中，創造藍海策略；將單層次的物流金流銷售設計成多層次傳銷。

　　增加一個新價值的維度，進入企業和消費者之間的關係。

　　利用建築高度做多層次的堆疊，以節省地面空間。

　　在專案邏輯式的進度討論，加入水平式的創意思考模式。

❖ 18.機械震動

18
機械震動
Mechanical vibration

　　第十八個創意技巧是「機械震動」，就是使用震動或週期性震盪，使它變成規則與週期性的變化。如果使物體震動或震盪，例如震動式輸送帶，以方便篩選物件；如果增加震動的頻率，甚至達到超音波的程度，例如超音波洗淨機；如果使用共振頻率，例如核磁共振檢查儀；如果使用壓電震動器取代機械震動器，例如電子式卡鐘；如果使用結合超音波與電磁場的振盪，例如驅鼠蟲器。

　　在管理層面上的運用，考量工作輪調的作業安排，組織職位的固定輪調變動，以培育更多元能力的幹部。

　　休假，配合旅遊保險規劃，配合休閒產品供應，配合休閒路線指引。

　　產品開發，同時執行測試。

　　利用白天晚上的日夜交替，廣告看板也依時間輪換。

❖ 19.週期性動作

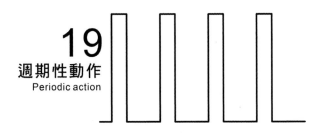

第十九個創意技巧是「週期性動作」，就是改變施行作用的方式，使用連續的作用，變成週期性或脈衝的方式，達成所要的結果。如果以週期性的動作或脈衝取代連續性動作，例如閃爍燈、固定時段灑水器；如果已經是週期性的動作，就改變週期的大小或頻率以適應外在需求，例如節拍器。

> 在管理上的運用，使用迴圈盤點，利用迴轉盤固定旋轉注入，設定例行作業順序與內容。
> 三班循環式的維修時間，創立 24 小時修護工廠，晚上交件，隔天早餐時間取貨。
> 以一週一天的規律，雇用員工。
> 制定儲蓄計畫，減少提款次數，獲得更多的利息。

❖ 20.連續性有用動作

20
連續性
有用動作
Continuity of useful action

第二十個創意技巧是「連續性有用動作」，就是建立連續性的作用或移除所有停滯、間接的運動，以增進效率。如果物體或系統的所有部份應以最大負載或最佳效率操作，做連續性的負載，例如貨櫃；如果將來回運動改為轉動，例如削皮機，做連續性的削皮動作。

在管理上的運用，維持生產線的連續性動態平衡，設置四班、三班、二班輪班制度。

終身學習，一系列的人生學習計畫。

運用大眾運輸系統，安排各交通工具，做連續性的運作。

客戶熱線、網路銷售、旅館設施，全天候終年無休。

❖ 21.快速作用

    第二十一個創意技巧是「快速作用」，假如某些事情在一定的速度會出差錯，那就應該加快速度；也就是說，要評估有害或危險的功能、事件及條件發生的原因等，以尋找改變速度的方法。如果用高速度執行一項行動，以消除有害的副作用，例如水刀、爆破拆屋拆橋。

> 　　應用在管理層面上，以快速的方式進行全面促銷，人事命令的發布周全而迅速，客訴處理儘快解決。
> 　　組織結構調整，快速處理減少痛苦感。
> 　　在決策之前，先快速塑造模型以進行評估。
> 　　短期密集的專業訓練，以替代長期課程。

❖ 22.將害處變成益處

第二十二個創意技巧是「將害處變成益處」，就是設法利用已存在的有害因素改變物質屬性，或是增加價值；也就是說，辨認系統中任何有害的觀點，決定如何轉換不能使用的東西，使它能用以產生價值。如廢棄物、能量、資訊、機能、空間和時間等。所以可考慮借著結合有害行為與另一個動作，以移除害處並解決問題。如果轉變有害的物體或作用或環境以獲得正面的效果，例如沼氣發電機；如果增加另一個有害的物體或作用去中和或去除有害的效應，例如瓦斯氣味添加臭氣。

　　在管理上的運用，利用企業減資重新整理，加強優勢；面對威脅，很可能就是一個機會。
　　將有問題的員工放在他可以做好工作的位置，而且不對原團隊產生問題。
　　彙整消費者的抱怨，改善產品設計與功能。
　　在網頁內故意寫錯字，以製造趣味感，吸引網友的目光。

❖ 23.回饋

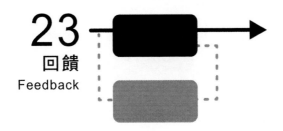

23
回饋
Feedback

　　第二十三個創意技巧是「回饋」，就是將系統的輸出轉回系統內部作為輸入，可改進輸出的控制；換句話說，也就是將系統或狀況的任何改變，提供可能用來修正動作的資訊。如果導入回饋機制以改善製程或作用，例如：汽車倒車雷達裝置，提供距離的警示回饋，加油槍加滿自動跳出。如果已使用回饋機制，試著改變它的範圍和影響，例如衛星定位系統，鎖定特定區域或設定位置。

　　在管理上的運用，可以依照標準作業流程設定顧客反應系統，或是依照心理學的各式量表自動回饋消費者滿意度調查，或是在生產製程中顯示多種顏色的燈，以顏色回饋實際情況。

　　和消費者一起共同討論新產品行銷。

　　自動追蹤消費者的使用資訊、回饋與彙整。

　　建立消費者使用電子佈告欄，善用使用者資訊。

❖ 24.中介物

24
中介物
Intermediary

　　第二十四個創意技巧是「中介物」，就是使用可輕易移除的中間介質或程式，在彼此不相容的團體、事件或條件中，加入暫時性的連結。如果在兩個物體之間，或是兩個系統當中，或是兩個不同運作或作用之間使用中介物，例如洗衣網，可以洗淨衣物而不刮傷衣物。如果使用暫時性中介物，當其完成功能後，會自動消失或很容易的移除，例如可食性膠囊，溶化後藥物自然吸收，防曬油可以阻隔紫外線的射線傷害。

　　在管理上的運用，兩造之間的溝通協調，多地貨物或飛機巴士的轉運站及發貨中心。

　　聘雇外部顧問，以補足企業需求的特殊技能。

　　利用短程的轉機機隊，將各區域的旅客集中到一地，搭乘長途飛行的航線。

　　促使消費者搖身一變為產品或服務的廣告宣傳者。

❖ 25.自我服務

25
自我服務
Self-service

　　第二十五個創意技巧是「自我服務」，就是以系統的主要功能或操作，同步執行相關的功能或操作；也就是說，自我服務是假定自己有一個自動的回饋機制，而不是另外設立一個特別的回饋。如果一個物體或系統必須執行補助的有用功能來服務自己，可以補強應有的功能，例如汽機車軸輪轉動產生電力的發電機，利用太陽能發電的計算機；如果使用廢棄的資源、能源或物質，用以自己產生應有的能源，例如汽電共生系統，焚化爐熱水建立溫水游泳池。

　　在管理上的運用，召募志工義工，為某理想一起工作；利用網際網路做有效率的數位學習，或是做企業標準化的幹部職能訓練，或新進員工職前專業訓練。
　　優秀的學院，招聘優秀校友回校講課，回饋學校。
　　重新聘用退休員工，晉升為顧問級，協助企業有效運作。
　　消費者自動繳回產品使用問卷，即提供價格折扣優惠。

❖ 26.複製

　　第二十六個創意技巧是「複製」，使用複製品或模型取代珍貴的東西；也就是說，找尋和利用容易取得、低成本與耐用複製品的方法。如果使用簡化及便宜的複製品取代昂貴、易碎、不便操作的物品或系統，例如：模型屋、交通指揮人偶取代真人；如果用光學影像取代一個物體或程式，且該影像可放大或縮小，例如：虛擬人；如果已使用可見光的複製品，改用紅外光或紫外光的複製品，例如室內日曬機。

　　在管理上的運用，視訊會議取代會議室實際開會、數學程式模擬運作實際情況。
　　模擬商業模型，用以快速地塑造商業流程規劃，並藉以發現不協調的情況。
　　模擬消費者行為模式，建立可預見的市場發展情況。
　　模擬飛行實景訓練飛行員，以降低訓練成本。

❖ 27.拋棄式

27
拋棄式
Dispose

第二十七的創意技巧是「拋棄式」，就是使用較便宜、簡單或更容易處理的物體、降低成本、增加方便性、提升壽命等；也就是說，將許多低成本的材料放在一起，以集合產生的性質，取代系統內的高成本材料。同時，找出可用簡單的物體取代的複雜性物體；必要時可考慮放棄一些想要的特性，例如耐久性。如果使用一些便宜及不耐用的物品取代昂貴的物品，例如紙尿片、低價打火機、紙杯、醫療口罩、輕便雨衣、日拋式隱形眼鏡等。

在管理上的運用，提出一些行銷專用的試用品，或是以短期人力派遣或委外製作。

運用眾多便宜的小型廣告，以取代單一的大型廣告。

雇用工讀生，從事不需要正式專業資格的工作。

❖ 28.置換機械系統

　　第二十八個創意技巧是「置換機械系統」，就是以物理場取代機械式交互作用、機械裝置、機械機構和機械系統；換句話說，尋找是否可運用生物的感官方式，諸如視覺、光學、聽覺、嗅覺、味覺、聲音，或使用熱、化學、電力、磁力或電磁場等替代技術。

　　如果使用另一種感測的方法取代現行的方法，例如感應鑰匙；如果使用電場、磁場或電磁場與物體或系統交互作用，例如電磁爐；如果使用移動的場取代靜止的場；結構化的場取代非結構化的場；變化的場取代固定的場，例如捕蚊燈製作電蚊拍。

　　　在管理上的運用，使用網路做行銷行為，使用影音做輸入系統，語音取代鍵盤打字。
　　　使用電子投票，使用手機付款，臉部辨識付款。
　　　直接到工廠現場進行學習，不在教室內訓練。
　　　以聲音辨識取代機械式打字輸入。

❖ 29.氣壓或液壓構造

第二十九個創意技巧是「氣壓或液壓構造」，就是使用氣體或液體取代系統的元件或功能。如果使用氣體或液體取代固體的元件或系統；利用空氣或水產生膨脹，或利用氣體和液體產生緩衝，例如氣墊床、充氣式千斤頂。

在管理上的運用，事先做好安全庫存量，先設計前置時間以處理正常製程。

彈性工時，彈性上下班。

流動式的資訊系統，流通於公司橫向組織之間。

在多個業務部門，同時可分享專業人才。

❖ 30.彈性殼和薄膜

30
彈性殼
和薄膜
Flexible shells and thin films

　　第三十個創意技巧是「彈性殼和薄膜」，就是使用薄膜取代傳統元件，或是使用薄膜或彈性薄膜隔離物體或它所處在的環境。如果使用彈性殼和薄膜取代固態的結構，例如隱形眼鏡；如果使用彈性殼和薄膜將物體或系統與外在有潛在危險性的環境隔絕，例如保鮮膜，手機套。

> 　　應用到管理層面上，可制定一些策略或準備一些資金以保護新創事業，可設定停損點以保護資產。
> 　　單一服務窗口，單一業務窗口，方便客戶和消費者解決問題。
> 　　運用彈性開閉的窗簾，創造可公開和密閉的空間，可做大型會議，以及小型專案會議。
> 　　利用「營業祕密」，分隔專業知識和一般知識。

❖ 31.多孔性材料

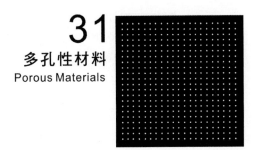

31

多孔性材料
Porous Materials

　　第三十一個創意技巧是「多孔性材料」，就是改變氣體、液體、固體的狀態、使其變得有孔隙；也就是說，使物體介質變得有更多孔隙，借著利用孔隙、氣泡、毛細管等，以提供一種或多種的功能。如果使物體成為多孔性或加入多孔的元素，例如過濾網、透氣膠布、有洞廣告布幕防止強風吹襲破裂。如果一個物體已經是多孔性，在孔隙中加入有用的物質或功能，例如蓮蓬頭、自潤軸承。

> 　　在管理上的運用，使用多角化經營以穩定事業體經營，利用全球佈局分散經營風險。
> 　　每週容許員工有 15~25% 的時間，做自我成長或自我創業的時間。
> 　　在較長的工作時間中，安插數量多的休息時間，以維持組織的高專注力。
> 　　容許員工出錯，維持組織的修正改善能力。

❖ 32.改變顏色

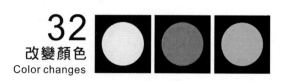

$$32$$
改變顏色
Color changes

　　第三十二個創意技法是「改變顏色」，就是改變物體或系統的顏色，以增加系統的價值或偵測出問題。如果改變物體或其環境的顏色，例如充電顯示、太陽眼鏡；如果改變物體或其環境的透明度，例如透明膠帶、霧面玻璃；如果使用顏色添加物或發光的元素改善事物的能見度，例如LED燈、溫度計、試紙；如果已經使用顏色添加物，考慮加入發光成份，例如螢光棒。

> 　　在管理上的運用，使用色彩管理，可以使地鐵各路線清楚顯示，可以使工廠製程明顯辨別。
> 　　規劃明確的流程，確保員工可以接觸到執行長。
> 　　透明的流程與步驟，可依任何情況跳過某步驟。
> 　　商業網站系統的某些功能，可動態性地出現或隱藏。
> 　　作業管理，使用顏色表示不同等級的情況。

❖ 33.均質性

第三十三個創意技巧是「均質性」，就是假設兩者或兩者以上的物體或物質彼此交互作用，它們應由相同的材料、原料或資訊所構成；也就是說，在系統中找出均質物體組成的可能性，或應用此原理到各種層次的材料、能量、資訊與交互作用。如果產生交互作用的物體，應使用同一種材料，或有相同性質的材料，例如可食甜筒杯、接榫方式組裝、金屬材料焊接。

> 在管理上的運用，標準化作業流程、標準化零件或產品。
> 企業內各部門，能力專長相近的員工，聚在一起開研討會。
> 將家具賣場裝置成像自家客廳一樣。
> 建立商業育成中心，集中同一供應鏈的廠商協同合作。
> 將客戶和供應商一起納入新產品設計團隊之內。

❖ 34.去除和再生

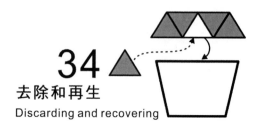

34
去除和再生
Discarding and recovering

　　第三十四個創意技巧是「去除和再生」，就是將拋棄與再生兩個原理合而為一，拋棄原理是從系統中移除某些東西；再生原理是從系統中回復某些東西，提供再度使用。如果已執行完功能後的系統或物體的元件，能自行消失、溶解、揮發、拋棄等作為，例如膠囊、隔離霜；如果作業中，使系統或物體已消耗或退化的零件恢復原狀或再生，例如紙杯架、抽取式衛生紙。

　　在管理上的運用，成立專案式組織，完成任務即解散；臨時約聘人力，完成專案即解雇；破壞式創新，將既有成規打破，建立新商業秩序或模式。
　　根據負載與產能平衡機制，雇用契約員工。
　　雇用短期員工以因應特殊事件，吸收退休員工以平衡工作負荷。
　　事業運作，規劃過渡期間的管理機制。
　　在行銷過程中，隨時出現或刪除活動，以維持驚喜感。

❖ 35.改變物質特性

第三十五個創意技巧是「改變物質特性」，就是改變物體或系統中的性質，以產生運作良好的系統。如果改變物理狀態，如氣態、液態、固態等，例如羊乳片、奶油塊、液態瓦斯；如果改變濃度或密度，例如液態肥皂、濃縮果汁；如果改變彈性，如伸縮性、彎曲性等程度，例如可調式避震器；如果改變溫度或體積，例如充氣式睡袋；如果改變壓力，例如高壓鍋。

> 在管理上的運用，從心理基礎根本做起，激勵公司全體員工，促進團隊合作精神。
>
> 建立「壓力鍋式」的會議，激起員工的潛能。
>
> 將企業文化改裝為問題解決目標的作業環境。
>
> 將商店的產品視覺設計，改為散發香味的嗅覺氛圍，改變誘發消費的因素。

❖ 36.相變化

36
相變化
Phase Transition

　　第三十六個創意技巧是「相變化」，就是利用材料或狀況的相變化，以產生作用或改變系統；換句話說，應用相變化產生氣體、吸熱、放熱、體積變化等有用的作用力，典型的相變化包括氣體變液體、液體變固體、氣體變固體等。如果在相轉變的過程中，利用所發生的現象，如體積改變、熱釋放或熱吸收等，例如熱交換系統、暖暖包。

　　　　在管理上的運用，公司制度組織變革，業務管理新陳代謝。
　　　　在新興的市場上，與目標消費群建立合資公司。
　　　　轉換商業模式，以新模式繼續執行既有市場。
　　　　以企業的宏觀視野，做長期性的統計與追蹤，逐步調整組織
　　架構。

❖ 37.熱膨脹

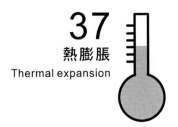

37
熱膨脹
Thermal expansion

　　第三十七個創意技巧是「熱膨脹」，就是將熱能轉變為機械或機械動作；換句話說，利用受熱後產生的變化，提供想要達成的機能。如果利用材料的膨脹或收縮，如熱漲冷縮，去完成有用的效應，例如定溫偵測器；如果使用不同膨脹係數的多種材料去完成不同的有用效應，例如水銀溫度計。

　　在管理上的運用，多種組織任務重疊，以專案取向的有機式組織，具有彈性調整的製造系統。
　　故意和競爭對手做短期性的合作，以獲得共同的客戶資料。
　　大量雇用短期而有經驗的臨時員工，以快速擴展企業規模。
　　鼓勵和激發員工每個人可能發展的願景，藉以擴大企業發展空間。

❖ 38.加速氧化

38
加速氧化
Accelerated Oxidation

　　第三十八個創意技巧是「加速氧化」，就是利用氧化提升作用或功能的效能；也就是說，利用氧化劑的方法，以增加系統內的價值。如果使用含氧量高的氣體取代正常空氣，例如氧氣筒；如果使用純氧取代含氧量高的氣體，例如含氧乙炔焊接；如果使用氧離子，例如活氧機；如果使用臭氧，例如臭氧殺菌烘碗機。

> 　　在管理上的運用，注入新血，延攬優秀人才加入團隊。
> 　　利用視覺、聽覺、嗅覺、觸覺、味覺加速激發訓練成效。
> 　　餐廳設置開放廚房，再增設與消費者互動的開放廚房，以增加集客力。
> 　　在研討會、展覽會上，運用神祕嘉賓，以炒熱氣氛。
> 　　使用模擬／遊戲的方式，提升員工接受專業訓練的成效。

❖ 39.鈍性環境

39
鈍性環境
Inert Environment

第三十九個創意技巧是「鈍性環境」，就是產生一種中性或鈍性的氛圍或環境，以支持所想要達成的機能。如果以鈍性環境取代正常環境，例如氮氣氣球；如果加入中性物質或鈍性添加物於物體或系統中，例如乾粉滅火器。

> 應用於管理層面上，設立民宿以提供短暫的休息、建置休閒農場。
>
> 在百貨賣場裡面，設立具有隔絕聲音的專櫃，以銷售藝術品或音響商品。
>
> 利用和客戶談判的中間休息時間，安插第三方說服團體或顧問進行協商。

❖ 40.複合材料

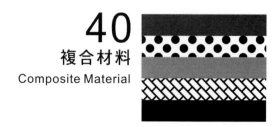

第四十個創意技巧是「複合材料」，就是改變均勻的材料結構成為複合結構；也就是說，複合意指新材料性質，同時也泛指新物質狀況。如果使用複合材料取代均質材料，例如混凝土、鋁合金。

> 在管理上的運用，集合各領域專家團隊解決問題；成立專案組織自外於公司制度，做緊急的任務專案管理；跨領域整合。
> 運用講課、實況模擬、線上學習、影片教學等多元方式，進行專業訓練。
> 建立具有多元文化的創新團隊。
> 規劃以消費者立場以引導創新開發工作。
> 品牌聯名、共同行銷，共同採購，異業聯盟。

個人管理

──成為老闆的思維與能力

　　企業經營需要強健心志、視野宏觀、縝密思緒、情緒管理的經營者、主管、員工，正如奠立基石一般，每一階層都堅強睿智，整個團隊自然戰力強盛。

　　本章將每個人經營事業，或在事業體上班的幹部或員工必須具備的觀念與做事技巧，分為三節，一是個人管理觀念，提醒各種形式的思維與壓力管理觀念；二是個人管理態度，提醒在各階層應有看事情的角度，以及思考事業體切入問題的立場；三是個人管理技巧，提出多種技術性的處理事情技巧。

一、個人管理觀念

❖ 您的品牌信任度？

　　就像塑造企業產品或服務的品牌是一樣的，您自己必須打造個人的品牌形象，這不只是求職而已，只要自己的形象受到對方的認可，對企業也是一個可貴的資產，因為客戶覺得您是值得信任，您的承諾是會兌現的。

　　您個人的個性、態度、處理事情的方式，是否可以讓老闆、客戶、同事信任，這些細節逐漸累積成您的個人「品牌」，也是

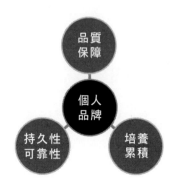

您日後最珍貴的人脈資產；當您想要創業，當您從這一家公司離職，當您遇到事業上的困難，是很多人想來幫您，還是遠遠避之，端視您給人的印象。

所以，經營個人、經營事業、經營品牌，道理都是一樣。

❖ 打破成規‧出其不意

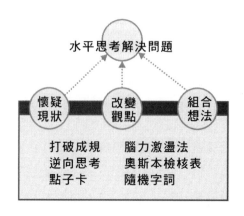

經營思考，不能只有科學與邏輯思維，利用可以想到的路徑解決問題是有一些答案，但是都是其他競爭對手也能夠想到的。

現在要成功，必須要有「創意突圍」或「創意解難」，而所謂的創意就是在「固有的答案」之外，出奇招思維的背後，就要有一反「科學與邏輯」的想法，換成懷疑現狀、改變觀點、組合想法的態度。

懷疑現狀，就是在既有的答案後面加一個問號「？」，抱持著懷疑的態度去深究其真實的成因，有時候可以因而發現其他的答案。

改變觀點，最容易設想的就是以競爭對手的立場去思考，只要蒐集對手攻擊的說詞，就有新鮮的想法；或是利用年齡（老人、少年等）、職業（司機、廚師等）或其他立場設想；或是利用時間（歷史任何一個時點）、空間（各國民俗觀念等）；以其他立場思考，經常可以獲得不一樣的想法。

組合想法，將既有的答案結合不相關的事物（例如隨意翻一頁找一件物品），組合起來成了「不太像樣」的名詞，藉以刺激創意產生。

事業體的經營大多是邏輯式的處理技巧，可以有效解決事務性的問題；但是心裡也要存有「有另一種答案可能性」的創意思維，尤其是遇到關鍵性的難題，而且一般事務性邏輯思維無法有效解決之時，水平式的創意思考就是即時雨了。

至於創意的解決方法，請參照本書第十章的TRIZ 40個動詞。

❖ 結構化增加效率

企業內開會最重要的是效率，最怕言不及意、話題扯遠，或是當作高層主管展示權力的場域，大談其經營之理，根據相關研究，會議所談的內容約60%不是該會議的議題；為了有效率地運

論點結構化，流程結構化

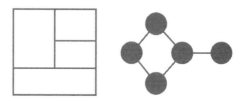

作會議，為了自身的經營管理有條不紊，將會議討論內容結構化是必要的，這可以集中心力共同解決問題。

直接在會議室的白板上畫出結構圖，只要是無關於白板上的議題，一律制止，如果真的將全部的時間都專注於議題上，開會的時間其實是很快而有效率的。

論點結構化的方式很多，依專案類型不同而定，但歸類與流程是必須的，因為事業體大多數的工作都是可以用科學的方式分析，將問題結構化、問題視覺化，很容易取得共識。

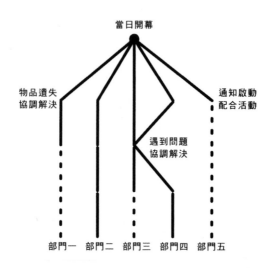

事業體老闆、高階主管、專案主管的管理態度就是「統籌與協調解決」，這是觀念態度的問題，所屬的五個部門分別為一個開幕日的目標前進，主管都全部掌握各部門的執行進度，主管也適時地協助解決某部門遇到的問題，最終目標就是各部門都準時到達定位點。

使用甘特圖也是一種有效的管理手段，統籌管理各部門的執行進度，發現延遲點就即時協調他部門支援，運籌帷幄，就是有效管理的態度。

❖ 怎麼因應壓力

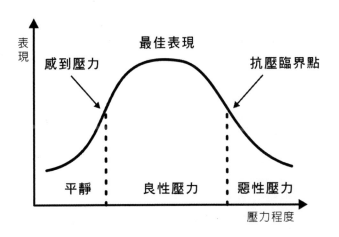

我們要正面面對壓力，因為壓力可以是一劑激勵針，讓自己奮起，但是過度的壓力卻是致命傷。所以，重點不在於壓力來了怎麼辦，而是在於處於抗壓臨界點上，應該如何正確地釋放壓力，以維持旺盛的戰鬥力。

多和朋友聊天，把自己面臨的問題說出來，鬱積的壓力可以

舒緩。

　　事先將要做的事情全部規劃妥當，事先已經預想所有行程，就可以從容地面對這些繁瑣事務。

　　一天的作息時間正常，固定有運動時間、三餐定時、充足睡眠、維持良好體能，才能夠減輕壓力對健康的影響。

　　適時地安排休閒娛樂活動，以愉悅的心情放鬆緊繃的身體。

　　轉念，認清壓力的來源，改變對壓力事件的看法，減輕心理負擔。

　　尋求專業的協助，例如心理諮商、醫師協助，幫助穩定情緒、改善睡眠品質。

二、個人管理態度

❖ 把自己當主管思考

經營階層	Where能力 公司應該往哪個方向發展
管理階層	What能力 公司應該做些什麼事？
基層人員	How+Do能力 公司應該怎麼做？

　　企業各階級的主管所需要的決策與視野不同，盡好自己應有的本份行事。

　　除了以上應該思考的方向之外，要留意的是，無論是哪一個階層的人，自己應該進階到上一級去考慮企業事務。例如您是基層人員，不要一直在想現在要做什麼？這樣您難免會自怨自艾，抱怨主管給您一些莫名其妙的工作，而且您自己也難有晉升的機會；轉個念想，您應該想像您自己是管理階層，您的思維就是目前應該做哪些事，有利於業績的成長，這時您就明白您現在做的一些瑣事，就是支援業務作為。

　　同樣地，當您處於管理階層，您就要把自己當作經營階層，隨時思考公司應該往哪個方向走？當您的思維和經營階層一樣時，您就知道您現在的部門應該做些什麼事了。

　　把自己往上一階思考，想像自己就是上一階的主管，您所做的事情剛好就是您的主管想要做的事，這就是做對的事。

　　做對的事，您的老闆或主管就覺得您是一位得力的助手。

❖ 企業共同願景

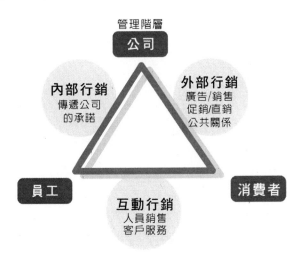

　　企業經營最重要的就是「管理」，這是一門藝術，因為拿捏沒有準則，依時依地彈性調整。

　　基於企業整體統一作戰的最終目標，管理的重心不僅要規劃外部行銷工作，而內部行銷也同等重要，務使企業內每一位員工都能夠有共同的願景，甚至對於企業期望達到的任務都有一致的共識；更甚者，在實務作業的生產線員工每一位都能夠恪守企業規定的作業規範，將每一件產品的品質做到標準化且穩定。

　　只有企業所有員工都說同一種聲音，才能夠和消費者做有效的溝通，企業形象也能夠穩健建立起來。

❖ 目標的建立與達成

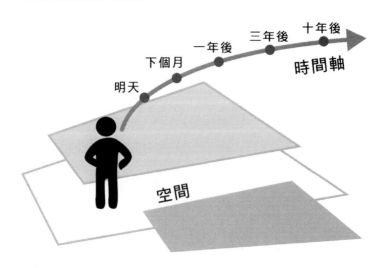

　　企業經營永遠都在規劃未來，現在努力的就是未來的業績，現在的業績就是過去努力的成果；企業規模越大，要思考的未來更長遠，制定遠程目標，才能往前逆推制定中程和近程目標，再

往前逆推制定專案項目甘特圖，排定執行進度，逐步達成企業願景。

空間的規劃也不可免，各地區的情況也要考量，各小地方的消費者喜好也不同，而且要考慮空間的政治經濟社會等因素；將時間和空間綜合考量，才是一個完整的規劃。

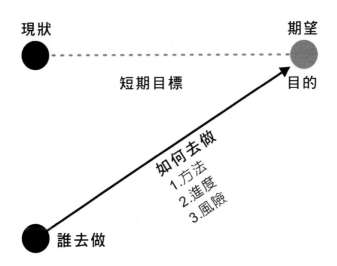

「差距」就是問題的關鍵思考，設定目標（期望的目的）之後就知道和現況的差距，接下來就先思考誰要去做，人是主體，人也是做事情的關鍵重點；「找對的人很重要」，對的人放在對的位置，對的能力做對的職務，這是把工作做好的基本要件。

如何去做？是下一個課題，方法和進度制定大家都會，但是要多加一項「風險」思考，也就是先設想如果做失敗會有什麼後果，預期可能會遇到什麼困難，以及有無應對之策？多了風險管理，事情更會做得穩妥。

面對企業任何事務，腦子想的一定是達成目標，而腦子更有想如何有效地執行應做的工作；如果您不知道如何去做，就依次填寫吧！就當作每一個項目都是簡答題，寫完了，應該要做的答案都出來了。

1. **效益分析**：您可以先跳到最後，直接詢問您可以獲得什麼利益？以馬上評斷這個專案是否有繼續研究與執行的必要。

2. **經費預估**：量力而為，整個專案需要多少費用，要挪用其他部門的經費嗎？

3. **路徑方法**：使用哪一個方法可以有效執行？要先做試驗機台，還是要做多少實驗測試？

4. **誰要執行**：投入的人力需要多少，因為人力也是經營成本，而且要執行的部門是否可以承受這個專案的工作量。

5. **執行地點**：是否有可以執行的地方，會不會超過該地方的工作負荷量。

6. **執行進度**：何時可以完成，列出甘特圖檢查是否可以預期準時完成專案。

7. **企劃內容**：要執行什麼專案內容，這是公司必要的經營事項嗎？

8. **背景成因**：為什麼要做這個專案，是基於哪一個合適的理由。

9. **目標**：明確專案執行的最終達成目標，越清楚明白越容易達成各部門的共識。

三、個人管理技巧

❖ 運用PDCA達成目標

1.分析現狀
2.找出原因
3.找主要原因
4.制訂措施

實施計畫與措施

計畫　　　**執行**

行動　　**查核**　　目標

實施結果與目標對照

管理循環

1.對實施結果
　總結分析
2.未決問題轉入
　下一循環

要不斷地鍛鍊自己的心志，無論您處理什麼樣的事務，心裡面要經常有PDCA循環，這是美國著名的管理學家戴明所提出，包含四大概念：計畫（Plan）、執行（Do）、查核（Check）、行動（Act）；依序按照計畫執行，不斷地改善而達成目標。

計畫：謀定而後動，先分析現狀之成因，制定執行措施，規劃標準作業流程。

執行：依據規劃的作業內容，準確地執行各項工作。

查核：隨時檢查執行結果和達成目標的對照，如果有落差即隨時提出改善方法。

行動：對於提出的改善方法，進行分析與修正，矯正現有的作業，更精準地達成目標。

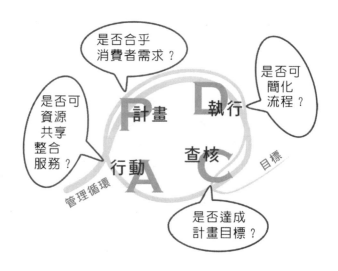

也可以使用簡單的白話，將每一個環節的重點記牢在心裡，一樣可以做好事情。

在做計畫時,思考「是否合乎消費者需求?」,因為這是做計畫最終目的,客戶或消費者要買單,願意採納這計畫才有實益。

執行的時候,隨時思考「是否可簡化流程?」,因為作業時間和人力都是成本,降低成本就是增強競爭力。

查核時,記著「是否達成計畫目標?」,以比對現有執行情況和計畫的目標。

行動階段,思考「是否可資源共享整合服務?」,以改善和增強計畫內容,更臻精實準確地達成目標。

❖ 系統化展開問題

分析流程原因,問題展開結構層級

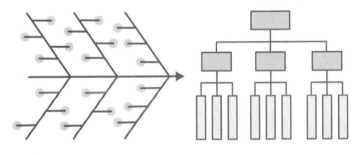

將問題層級化,無論是橫向的魚骨圖,或是縱向的金字塔架構,都可以將原因與過程全部展開,這樣的結構有一個好處,就是在一個體系之下安排所有的元素,讓腦子清醒,更加認清業務的實際情況。

建議:善用白板,使用便利貼,一張一個元素(只講一件事),分別貼在適當的位置,只有將實際情況視覺化,大家看到所有組織架構圖,各部門就不會各說各話,因為大家都看到其他

部門的情況。

這是利用曼陀羅方式的展開圖，有兩層不同的用意與用途。

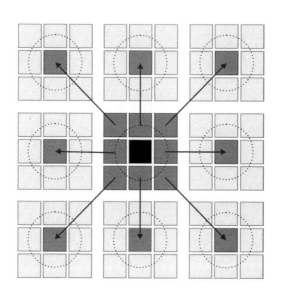

一是可以做系統化的整理，當中央的九宮格的中央黑方格是一個系統，例如汽車，其周遭就是汽車的八個次系統（中灰色方格），這八個方格各統籌其周遭的八個微系統（淺灰色方格）；換句話說，這64個微系統（淺灰色方格）全部都各自歸屬於系統脈絡之下。

二是業務人脈的開拓，您就是中央黑方格，您身邊有八位客戶（中灰色方格），而這八位客戶有可能各自介紹他們身邊的八位朋友（淺灰色方格），如果善加培養客戶，您就可以多增加64位新客戶。展開圖的用途，依您企業的現狀做調整，好用適用最重要。

❖ 人人都是專案經理

1. 品質意識：如期所願
2. 成本意識：合於預算
3. 時間意識：準時達標

開案　規劃　執行　掌控　結案 →

以前是不定期的企劃，專案經理

現在是日常工作專案化，每人職責

現在是個人日常工作專案化的年代，所以每個人都要有執行專案的必備觀念與技巧，要有匹品質意識、成本意識、時間意識，每一個階段都要具備以上三個意識：

1. **開案**：經過溝通與整合各項資源之後，可行性分析確定，就可以開案發展專案。
2. **規劃**：製作專案管理企劃書或進度表，依專案大小而定，各個項目寫得越詳細，越容易順利進行達成目標。
3. **執行**：每一個階段都確實督導與管理專案執行。
4. **掌控**：只要發現有某項目執行偏差，將即時更正或尋求其他部門支援。
5. **結案**：進行結案之後，記得檢討執行期間的經驗或待改進之制度缺失。

品質管控
──達到最高品質有跡可循

　　品質也是競爭力，要維持企業產品或服務的品質穩定著實不易，這需要全員都有品質意識，準確做好每一個標準動作。一家公司穩定經營最重要的基石就是品質，唯有品質穩定才是獲取客戶信任的不二法門。

　　本章針對品質管控列出三個面向，一是品質觀念，提醒品質操作人員重要的觀念；二是品質掌控，以系統圖表提醒品質意識；三是品管技術，標示兩個常見的品管技巧供參考。

一、品質觀念：基本要求

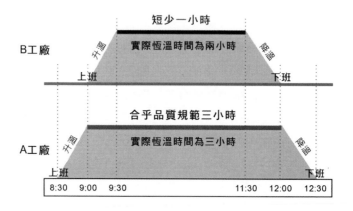

　　品質意識最重要的工作是做好基層員工的專業知識訓練，最淺顯的解釋就如上圖，以工廠製程要求一個物件必須在一定的溫度烤三小時，B工廠員工沒有特定材料的專業知識，加上管理不善沒有嚴格要求，基層作業員工就準時九點上班，開始升溫，為了準時在中午休息，就提前降溫，但是這樣物件只有烤兩小時而已，時間不足無法達到品質的標準。

　　A工廠培訓基層員工專業知識訓練，每一位員工都正確認知該材料的物性，必須確實烤三小時才能夠達到品質要求，所以就提早半小時上班，也延後半小時才休息。

　　這就是管理，讓最基層的員工都能夠準確地了解任務的成因與歷程，才能夠貫徹一致性。特別提醒，上述的說詞雖然很簡單，卻是最困難執行的，要讓深具專業知識與技巧的高階主管、廠長、現場主管，教導實際操作的作業員工使用正確的手法與步驟，必須先要有三個前提：

1. 必須先確認員工已經熟知材料製程的專業知識。
2. 必須確認運用監督管理的制度與手段，確保員工在現場作業完全依照指示操作，而不受每個人的習慣、個性、偷懶而改變操作方法。
3. 必須確保當品質發生問題時，員工願意提出「可能是他更改某材料、製程、配方、比例」，而不擔心受到懲罰而隱瞞問題點。

　　品質管理是一件很複雜且要多方留意細節的工作，這期間還要融入企業文化，讓員工感受到生命共同體，製造出品質卓越的產品是大家的使命，這樣才是達成品質管控的最基本要求而已。

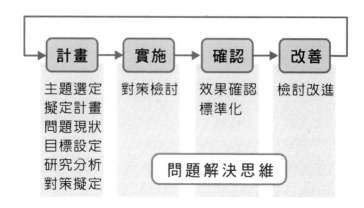

懷著問題解決思維的態度,看待每一階段的執行,以目標達成為首要任務,四個階段不斷地檢討與改善修正,正循環的結果就是準確達標。

每一個階段都是在尋找問題,思考解決方法,解決問題,只有不斷地挑出問題解決,才會有零缺點的專案執行。

二、品質掌控:不斷精進

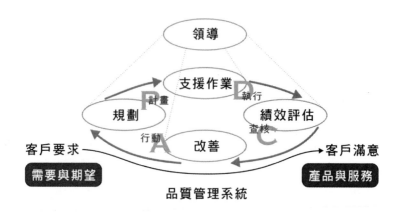

　　這是彙整PDCA、領導、客戶要求和客戶滿意之完整的品質管理系統圖，在專案經理人心中必須有這樣的概念，不斷地思考與比對客戶要求與滿意度，才能夠做好監督品管作業的任務。

　　每一階段都是大小不等的PDCA，不斷地計畫執行查核行動，直到客戶滿意；自己再做進階要求，對於更高規格的品質進行PDCA，不論是客戶要求或是超前準備，唯有不斷地精進改良，事業才能夠穩定經營。

　　制定作業標準需要考量的三個要素：

　　一是**品質管理**，要先決定產品規格與品質要求，以「優質性」為目標。

　　二是**製程管理**，依品質要求制定正確的製造過程，「正確性」為依歸。

　　三是**成本管理**，致力降低成本是增強企業競爭力的重要關鍵，必須考量「經濟性」。

　　做一位生產管理者，要有以上三個管理概念，隨時檢討修正。

三、品管技術：系統化分析與掌控進度

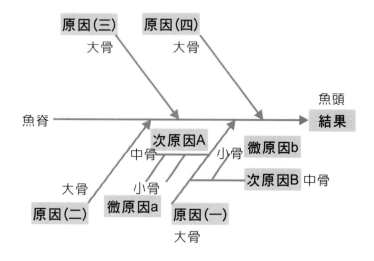

　　魚骨圖是日本管理大師石川馨先生所發展的，又名石川圖，一個很好用的原因歷程分析，也是一種發現問題「根本原因」的方法，所以也可稱為「因果圖」，將作業過程各個要素都全部歸類與系統化，就可以逐一比對相互之間的因果關係，標記待解決的問題位置，再配合會議現場「腦力激盪」，補足欠缺的因果關係，或是使用其他手段解決問題。

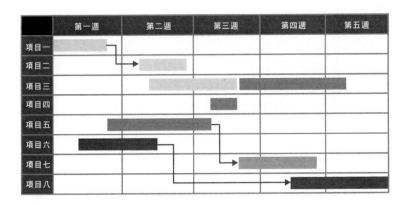

	第一週	第二週	第三週	第四週	第五週
項目一					
項目二					
項目三					
項目四					
項目五					
項目六					
項目七					
項目八					

　　這就是已經活了一百多歲的甘特圖，由亨利・甘特於1910年開發出來，是專案、進度，以及與時間相關的系統條狀圖，可以顯示每一個項目的內部關係之間的時間進展情況，也是一般辦公室大白板上常見的條狀圖，可使各部門知道各專案進度，是否準時完成，或某處有延遲狀況。

13 Chapter

財務理念
──經營者必懂的

　　做一位企業經營者一定要有財務觀念，主管也需要，最好每一位員工都有財務觀念，大家致力於提出改善作法，降低成本，持續企業的優勢競爭力。

　　本章列出五個不同表現的圖表，其實都是財務基本觀念，重複看五遍，應該就會有初步的財務理解，經營事業時才不會因為財務出問題而遺憾收場。

　　一位企業主如果沒有固定成本、變動成本等財務觀念，接受客戶詢價加上一些利潤就提報出去，沒有考慮後續的批次量產與

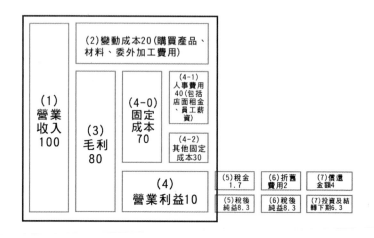

庫存、人事租金與機器購置,以及準備周轉金等其他必要成本,將會造成出貨後定期結算而資金短缺的情況,很多小企業就是因此而倒閉。

您可以根據自身企業產品或服務的特性,以及營業規模大小,自己核算報價的倍率,意即以材料的總成本乘以多少倍,當作報價的依準;或是依照材料和製造工時等成本資料,乘以應有的利潤都可,自己找一個快速的報價公式。

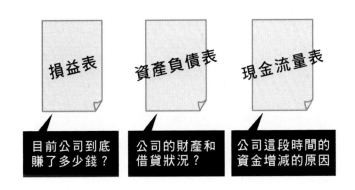

財務三表不是只有財務部主管的責任,因為企業的財務狀況直接攸關企業的生存問題,所以任何主管都要懂,不是財務背景出身的主管也要自己想辦法搞懂,其實,只要看懂財務三表即可,並不需要精通去當個會計師。

所謂的財務三表就是資產負債表、損益表和現金流量表。損益表所要表達的是這一段經營期間的營運狀況,顯示出此期間內,企業到底賺了多少錢,為了賺取這些收入,企業花了多少資源,主管就知道如何評估績效,並且控管成本,以便擬定未來的營運目標和預算。

再輔以資產負債表的財產與借貸情況，和現金流量表知道企業資金的增減，就可以用經營者的眼光，完整掌握企業經營的現況和未來。

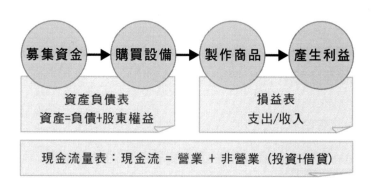

財務三表的功能，就是幫助企業主管了解事業規模需要多少資金，有多少資金可以購買設備，準備資金與周轉金去製作商品，或是委外製作，所產生的利益何時可成為收入。

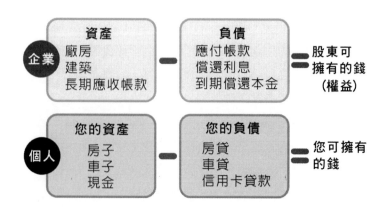

　　看懂資產負債表、有財務觀念，並不限於企業主管，就是個
人理財也要有財務觀念，這個道理是相通的。企業的資產減去負債
等於股東可擁有的錢，個人的資產減去負債等於您可享受的錢。

　　企業經營，和個人經營，無論是品牌形象塑造，或是財務分
析，都是同一個道理。

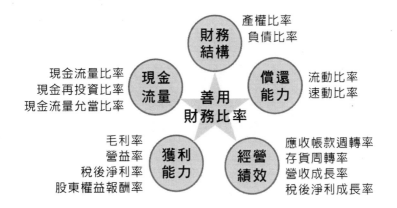

　　企業經營主管隨時要和財務部門保持聯繫，討論經營現況，
通常以數字表示即可顯示經營狀況，可分為五大面向表達：

　　獲利能力方面：毛利率要大於30%，稅後淨利率要大於
10%，股東權益報酬率要大於15%。

　　償還能力方面：流動比率要大於200%，速動比率要大於
100%，負債比率要小於40%。

　　經營績效方面：每個月要追蹤營收成長率，維持穩定而小幅
成長的稅後淨利成長率。

　　現金流量方面：留意每個月的現金流量情況，是否有過高異
常的情況。

　　財務結構方面：對於產權和負債比率，要留意負債的情況不要過於膨脹。

　　綜合以上五個面向的指標，請財務主管提出異常狀況，預期惡化的指標，以及應對的策略，以隨時保持企業經營的盈泰狀況。

14
Chapter

客戶經營
——提高穩定度

　　客戶經營，也是和客戶溝通，而自己也是客戶，自己要如何經營自己，如何和自己溝通，是有方法和策略的；對於不同的客戶而有不同的處理方式，企業能夠掌握對方情報，對於經營的穩定度大增。

　　本章針對與客戶應對關係分為三方面解說，一是客戶溝通，提醒和客戶討論的觀念與態度；二是客戶應對，提醒您和客戶討論的雙方立場取向；三是簡報提案技巧，提醒一般提案經常忽略的小地方，以利您順利提案成功。

一、客戶溝通

❖ 全面性考量要素

　　這是麥肯錫7S模型，意味著企業經營者在規劃企業策略時，還要留意結構、管理風格等七個要素，才能夠全面考慮各方面的情況與變數，以制定最精準的策略。

　　所謂七個情況分別是架構、制度、管理風格、員工、技術、策略、共同價值觀。這個結構有硬體（策略、結構、制度），也有軟體（管理風格、員工、技術、共同價值觀），對於整體企業

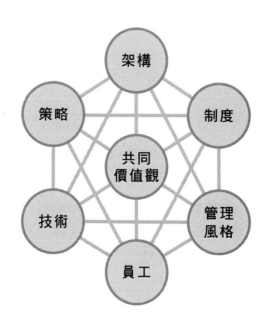

而言，軟體和硬體都同等重要，不能只偏愛結構和制度，而忽略了管理風格和員工態度，否則整個企業會竄出可以不必發生的問題。

這帶給我們的啟示是一個整體考量的思維模式，這樣才能夠圓滿地解決企業面臨的問題，因為每一個單一的環節都和其他因素互相互補牽引，要多管齊下，才能完全地轉型。

❖ 客戶想聽的11個關鍵詞

以客戶的立場而言，一定就是關心客戶自身的利益，而客戶最想聽到的就是可以幫助他賺錢的提案，以上11個詞就是客戶最想聽的，適度地放在簡報裡面，或是提案時口說這些話，盡量做到有效的說服和溝通。

1. **業績提升**：因為您的新功能材料或半成品，或是新技術，可以協助客戶開發新產品，增加客戶的銷售業績。

2. **利潤增加**：因為您的材料成本降低，或是新材料的替換，使得客戶的整體成本降低，利潤增加。

3. **服務強化**：因為您的技術提升，或是協助客戶增加服務模式，使得客戶對消費者的服務得以強化。

4. **生產力提高**：因為您的新技術新設備，可以加快製造速度，或是一次生產數量提升，整體的生產力提高。

5. **人力活用**：因為您的新制度建議，或是人力派遣效率化，使得客戶的人力得以善用、活用，並進而效率化經營。

6. **資產利用**：因為您的新系統規劃，同一設備多用途安排，或是設備可以跨行業應用，使得客戶得以資產利用效率化。

7. **關係維持**：因為您的公關策略，或是您協助客戶定期維繫供應商關係，使客戶的經營人脈不斷線。

8. **流程縮短**：因為您提供新設備，或是創新技術，或是資訊技術，使客戶製造流程大幅縮短，或是得以快速反應市場

變化。

9. **成本降低**：因為您的材料替換，製程設備產能提升，社群傳播快速減少大量的宣傳費用，使得客戶的經營成本降低。

10. **時間減少**：因為您的資訊傳播技術，製造流程有效縮短，運輸流程大幅簡化，使得客戶的運作時間減少。

11. **品質穩定**：因為您的供料品質穩定，或是技術製程改良，使得客戶的品質可靠度提升。

二、客戶應對：達成雙贏

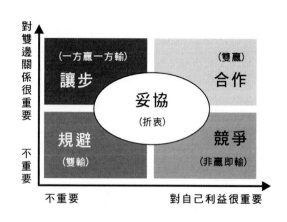

這是「湯瑪斯─基爾曼衝突解決模型」，指導我們和客戶談判的時候，根據雙方的利益態勢不同，就要有不同的因應策略；模型的好處就是將策略視覺化，方便思考與比對，依現實的狀況了解應有的策略。

所以，無論智愚，有無經營經驗，有專家整理的各式模型或流程，使用圖形顯示是最方便的法門。

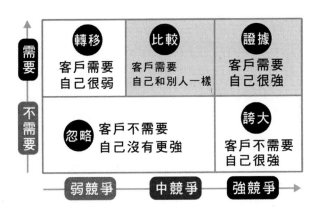

商業談判是兩方對峙的態勢，強弱高低是相對的。自己先認清楚自身企業的狀態，再和客戶比對，根據他我雙方的情況，而設定不同的對策。例如：自己很弱，客戶也不需要，所以就可以忽略；自己很強，而客戶也很需要，這時候就是亮出證據，以爭取客戶的認同。

所以，分析貴我雙方的態勢，才能做好對的決策。

　　向客戶提案前，要事先做好準備，要不斷地思考和客戶見面的前三分鐘要講的話，要殫思讓客戶一聽到您的提議，馬上就欣然接受。要達到這樣令人愉悅的成果，最重要的準則是「我好，您也好」，就是雙贏策略。

　　不斷地以客戶的立場去思考，客戶到底需要什麼利益，而我們要做怎樣的安排，可以讓我們少賺一些少得一些，讓客戶獲得多了一些，雙方都得利，則達成共識的機率大增。

三、簡報提案技巧：輕鬆說服客戶

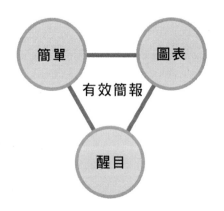

　　對客戶提報，時間不能太長，客戶不是學生，無法聽您講課四十分鐘；但是某方面，客戶也是和學生一樣，看到滿是文字的簡報，比較容易不耐煩，一頁簡報最多不要超過110字為宜，所以必須製作活潑且吸引人的簡報。

　　一些基本的簡報規則是，字體要在24級字（含）以上，字型為新細明體或標楷體，如果使用其他字體可能會在客戶處的電腦

播放時無法顯示（或是直接製作JPG圖案貼上去，就可以使用其他字體與圖表），行距可用1.5倍行高，不要全部使用粗體字，容易混亂視線不容易閱讀。

圖文顯示是必須的，圖案圖表模型都行，並且在重點處加註標記提醒；文字以簡潔為要，最常用的方式就是條列式，簡單幾條的說明，配合圖表一目了然，而且輕鬆理解。

為了讓客戶能夠輕鬆閱讀您的簡報內容，使用淺背景深色文字為宜，因為可視度最佳；盡量不要使用反白字，就是深色背景淺色字，因為閱讀吃力，客戶一開始心理就有抗拒，不耐煩，看都懶得看，連思考也搭不上。

向客戶提案，就要從客戶的立場和心理去著想，讓客戶覺得順心，更容易說服客戶。

客戶聽簡報的注意力時間只有7至10分鐘，頂多十多分鐘，這也是TED限定18分鐘的演講時間目的，就是已經到了人們注意力的極限。

要注意的是，客戶在這短短的時間只能關注三件事情，多了就無法記住了，所以不要一次塞太多的資訊給客戶，要一次解決

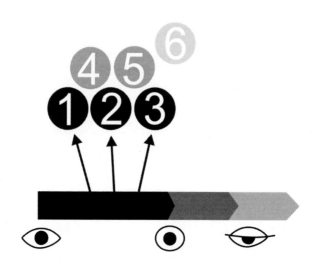

一個問題，欲速則不達，切記。

　　把提案想要獲得客戶認可的事項，依重要性或急迫性之優先順序排列下來，取前三名即是。

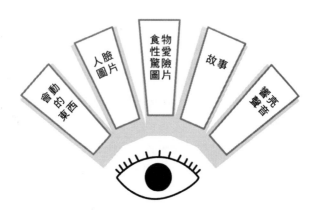

　　向客戶提案時，最能夠抓住客戶目光的就這五項：

1. 簡報內放張影片或動畫,但是不要經常使用,有必要時,每隔五分鐘放大約一分鐘的影片,一方面可以活絡整個簡報場合氣氛,另一方面也可用影片實際佐證所提的功能與效果。
2. 放有人臉的圖片,最好是愉悅的表情,客戶聽簡報就是要懷著愉悅的心情才容易接受您的提案建議。
3. 凡有關食物、性愛(簡報不宜)、驚險圖片皆可,或是與這三類相關圖片,和簡報內容可以對應的圖片。
4. 編造故事,創造一個可以讓客戶融入故事場景的內容。
5. 響亮的聲音,這個可以用影片代替,簡報時不宜使用突然的聲音嚇到客戶,除非有特殊的目的。

啟思路18　PI0060

 圖解創業
　　——一看就懂商業經營

作　　者	原　來
責任編輯	姚芳慈
圖文排版	楊家齊
封面設計	蔡瑋筠

出版策劃	釀出版
製作發行	秀威資訊科技股份有限公司
	114 台北市內湖區瑞光路76巷65號1樓
	電話：+886-2-2796-3638　傳真：+886-2-2796-1377
	服務信箱：service@showwe.com.tw
	http://www.showwe.com.tw
郵政劃撥	19563868　戶名：秀威資訊科技股份有限公司
展售門市	國家書店【松江門市】
	104 台北市中山區松江路209號1樓
	電話：+886-2-2518-0207　傳真：+886-2-2518-0778
網路訂購	秀威網路書店：https://store.showwe.tw
	國家網路書店：https://www.govbooks.com.tw
法律顧問	毛國樑　律師
總 經 銷	聯合發行股份有限公司
	231新北市新店區寶橋路235巷6弄6號4F
	電話：+886-2-2917-8022　傳真：+886-2-2915-6275

出版日期	2021年1月　BOD一版
定　　價	250元

國家圖書館出版品預行編目

圖解創業：一看就懂商業經營 / 原來著. -- 一版. --
臺北市：釀出版, 2021.01
　　面；　公分. -- (啟思路 ; 18)
BOD版
ISBN 978-986-445-435-8(平裝)

1. 創業　2. 企業管理

494.1　　　　　　　　　　　　109019816

讀者回函卡

感謝您購買本書,為提升服務品質,請填妥以下資料,將讀者回函卡直接寄回或傳真本公司,收到您的寶貴意見後,我們會收藏記錄及檢討,謝謝!
如您需要了解本公司最新出版書目、購書優惠或企劃活動,歡迎您上網查詢或下載相關資料:http:// www.showwe.com.tw

您購買的書名:＿＿＿＿＿＿＿＿＿＿＿＿＿＿＿＿＿＿＿＿＿＿＿＿
出生日期:＿＿＿＿＿年＿＿＿＿＿月＿＿＿＿＿日
學歷:□高中 (含) 以下　□大專　□研究所 (含) 以上
職業:□製造業　□金融業　□資訊業　□軍警　□傳播業　□自由業
　　　□服務業　□公務員　□教職　　□學生　□家管　□其它＿＿＿
購書地點:□網路書店　□實體書店　□書展　□郵購　□贈閱　□其他
您從何得知本書的消息?
　□網路書店　□實體書店　□網路搜尋　□電子報　□書訊　□雜誌
　□傳播媒體　□親友推薦　□網站推薦　□部落格　□其他＿＿＿＿＿
您對本書的評價:(請填代號　1.非常滿意　2.滿意　3.尚可　4.再改進)
　封面設計＿＿＿　版面編排＿＿＿　內容＿＿＿　文／譯筆＿＿＿　價格＿＿＿
讀完書後您覺得:
　□很有收穫　□有收穫　□收穫不多　□沒收穫

對我們的建議:＿＿＿＿＿＿＿＿＿＿＿＿＿＿＿＿＿＿＿＿＿＿＿＿

＿＿＿＿＿＿＿＿＿＿＿＿＿＿＿＿＿＿＿＿＿＿＿＿＿＿＿＿＿＿＿

＿＿＿＿＿＿＿＿＿＿＿＿＿＿＿＿＿＿＿＿＿＿＿＿＿＿＿＿＿＿＿

＿＿＿＿＿＿＿＿＿＿＿＿＿＿＿＿＿＿＿＿＿＿＿＿＿＿＿＿＿＿＿

11466
台北市內湖區瑞光路 76 巷 65 號 1 樓

秀威資訊科技股份有限公司　　收

BOD 數位出版事業部

....

姓　　名：＿＿＿＿＿＿＿＿＿　年齡：＿＿＿＿　性別：□女　□男

郵遞區號：□□□□□

地　　址：＿＿＿＿＿＿＿＿＿＿＿＿＿＿＿＿＿＿＿＿＿＿＿

聯絡電話：(日) ＿＿＿＿＿＿＿＿＿＿　(夜) ＿＿＿＿＿＿＿＿＿＿

E-mail：＿＿＿＿＿＿＿＿＿＿＿＿＿＿＿＿＿＿＿＿＿＿＿＿